材料科学基础
精选客观880题

主编 枣子学长 材子考研教研组

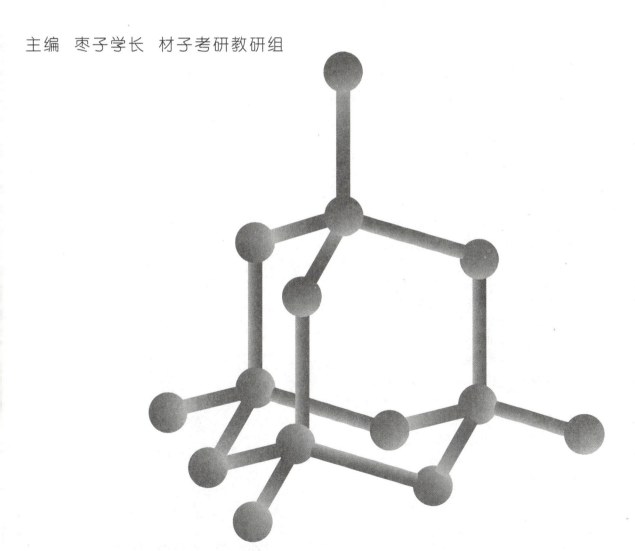

北京理工大学出版社
BEIJING INSTITUTE OF TECHNOLOGY PRESS

图书在版编目（CIP）数据

材料科学基础精选客观880题 / 枣子学长, 材子考研
教研组主编. –– 北京 : 北京理工大学出版社, 2025. 7.
ISBN 978–7–5763–5625–0

Ⅰ. TB3–44

中国国家版本馆CIP数据核字第2025L690P4号

责任编辑：王玲玲	文案编辑：王玲玲
责任校对：刘亚男	责任印制：李志强

出版发行 / 北京理工大学出版社有限责任公司

社　　址 / 北京市丰台区四合庄路 6 号

邮　　编 / 100070

电　　话 / （010）68944451（大众售后服务热线）

　　　　　（010）68912824（大众售后服务热线）

网　　址 / http://www.bitpress.com.cn

版 印 次 / 2025 年 7 月第 1 版第 1 次印刷

印　　刷 / 三河市文阁印刷有限公司

开　　本 / 787 mm × 1092 mm　1/16

印　　张 / 14.75

字　　数 / 368 千字

定　　价 / 49.80 元

前言

　　《材料科学基础精选客观880题》是专为考研专业课为材料科学基础的考生设计的习题集, 其中甄选了各高校考研真题中的判断题、填空题和选择题。本习题集旨在帮助考生全面掌握材料科学基础考点, 提升应试能力, 取得优异的专业课成绩。

　　本习题集具备以下突出优势。

　　①习题集的题目来源权威。本习题集的绝大多数题目源自考研真题, 与考试内容紧密契合。通过练习这些题目, 考生能更好地了解专业课考试的出题方式和难度水平, 从而更有针对性地备考。

　　②习题集所涵盖的内容全面。本习题集涵盖了材料科学基础的绝大部分考点, 考生使用这本习题集, 能够全方位地掌握材料科学基础的知识体系。

　　③习题集的解析详细。本习题集的多数习题配备了详尽的解析, 并指出题目所考查的内容, 帮助考生梳理解题思路, 掌握解题步骤, 深化对知识点的理解。此外, 答案与解析部分也给出了题目的题干, 使考生可以迅速对应题干和解析, 方便快捷。

　　对于考研初试考查客观题的考生而言, 本习题集可以被视为一座练习题宝库。通过不断练习, 考生能够更深入地了解客观题的考点和常见错误, 从而提升解题速度和准确率, 在客观题部分获得高分。而对于考研初试中不涉及客观题的考生, 则可将本习题集视为专业课学习的得力辅助工具。因为本习题集涵盖了材料科学基础的绝大部分考点, 考生能够通过刷题这一直接的方式, 更好地巩固记忆、加深理解, 从而更全面地掌握材料科学基础中的重要知识点。

　　在备战考研的道路上, 每一分努力都是通向成功的重要一步。无论你正处于哪个阶段, 都要坚信付出总会有回报。正如大海需要汇集无数滴水, 成功也需要日复一日的积累。本习题集中的每一道题目, 都是你成长的助力, 都会使你距离梦想更近一步。

扫码查看勘误信息

目录

第一章 原子结构与键合

一、判断题

1. 金属单质的光泽、传导性、密度、硬度等物理性质,都可以用金属晶体中含有自由电子来解释。（   ）[中国科学技术大学·2013]

2. 电子的排布总是先占据能量最低的内层,再由内向外进入能量较高的壳层。（   ）[中南大学·2018]

3. 电子在原子核周围没有固定式的轨道运动,而是按一定概率在原子核附近空间各处出现,这是由于电子具有波动性。（   ）[北京工业大学·2014]

4. 金属材料中除存在金属键外,还可能存在离子键。（   ）[北京理工大学·2020]

5. 离子键有方向性和饱和性。（   ）[中国海洋大学·2022]

6. 氢键属于分子间力的一种,与范德瓦尔斯力的不同之处在于氢键具有方向性和饱和性。（   ）[北京工业大学·2011]

7. 范德瓦尔斯力没有方向性和饱和性。（   ）[中国海洋大学·2020]

8. 在 NaCl, $BaCl_2$, $MgCl_2$, AgCl 中,键的离子性程度由高到低的排列为 NaCl>$BaCl_2$>$MgCl_2$>AgCl。（   ）[中国科学技术大学·2013]

9. 在金属与非金属所生成的化合物中,离子键极化作用强,有可能使其溶解度降低,生成难溶物。（   ）[中国科学技术大学·2016]

10. 大多数盐类、碱类和金属氧化物主要以离子键的方式结合。（   ）[厦门大学·2010]

11. 共价键具有饱和性和方向性。（   ）[西安交通大学·2021]

12. 金属晶体中不存在定域的共价键,以致每个原子周围配位原子的个数不受价电子数的限制,只要空间许可,就能堆积较多的原子。（   ）[中国科学技术大学·2013]

13. 石墨晶体是由石墨烯结构单元以共价键作用力构成的。（   ）[中国科学技术大学·2011]

14. 金属和合金中主要为金属键,但有时还含有少量的其他键。（   ）[哈尔滨工业大学·2018]

15. 某金属键能越高,则其熔点、强度、模量越高,其原子半径和热膨胀系数越大。（   ）[哈尔滨工业大学·2013]

16. 石英(SiO_2)的结合键是单一的共价键。（   ）[大连理工大学·2003]

17. 氢键属于分子键的一种,没有方向性和饱和性。（   ）[太原理工大学·2022]

18. 金属键属于物理键。（   ）[太原理工大学·2021]

19. 共价键晶体由于成键的饱和性和方向性,使间隙扩散机构占有优势。（   ）[天津大学·2022]

20. 离子键化合物具有较高的熔点和硬度,固态时导电、导热性较好。（   ）[暨南大学·2021]

21. 共价晶体以共价键结合, 其特点是配位数服从 $8-N$ 法则(N 为原子的价电子数)。( )[北京工业大学·2012]

22. 范德瓦尔斯力是一种化学键。( )[太原理工大学·2017]

23. 聚二甲基硅氧烷主链上不含碳原子, 而含硅和氧, 所以聚二甲基硅氧烷属于杂链高分子。( )[厦门大学·2022]

24. 高聚物的结晶度增加, 其与链运动有关的性能, 如弹性、伸长率则提高。( )[太原理工大学·2012]

二、填空题

1. 原子的结合键有离子键、_____、金属键、氢键和范德瓦尔斯力。[厦门大学·2010]

2. 材料中原子的结合键越强, 则材料的熔点_____, 弹性模量_____, 热膨胀系数_____。高分子材料的分子链中是_____键, 分子链之间是_____键, 故在金属、陶瓷和高分子三类材料中, 高分子材料的熔点_____, 弹性模量_____, 热膨胀系数_____。[西安交通大学·2010]

3. 原子之间的键合方式有_____、_____、_____等化学键, 还有_____、_____。[郑州大学·2018]

4. 金属键的主要特点是_____, 离子键的主要特点是_____, 共价键的主要特点是_____。[郑州大学·2017]

5. 石墨晶体中原子的结合键有_____和_____。[昆明理工大学·2015]

6. 根据主要化学键的不同, 固体材料一般分为_____、_____、_____。[北京理工大学·2020]

7. 高分子材料中, 大分子的原子结合是_____, 而大分子与大分子之间的结合键是_____。[太原理工大学·2021]

8. 高分子结构包括_____和_____两方面。[国防科技大学·2011]

9. 分子链的几何形状主要有线型、支化型和_____。[上海理工大学·2022]

10. 高分子结构层次包括_____、_____、_____、高级结构。[东华大学·2023]

11. 高分子链能够改变其构象的性质称为_____。其中对高分子链的刚柔性起决定性作用的是_____。高分子链中的重复结构单元的数目称为_____。[华中科技大学·2021]

12. 高分子材料的基本聚合方式可以分为_____和_____。[华中科技大学·2007]

13. 组成高聚物大分子链的每个基本重复结构单元称为_____。[太原理工大学·2022]

14. 高分子链中由于_____而产生的分子在空间的不同形态称为构象, 高分子能够改变构象的性质称为_____。[北京工业大学·2003]

15. 化学键中共价键既有_____性, 又有_____性。[北京工业大学·2025]

16. 基态原子的核外电子排布规律必须遵守的三个原则是_____、_____、_____。[北京工业大学·2025]

三、选择题

1.原子结合键中, 既有饱和性又有方向性的是(　　)。[哈尔滨工业大学·2023]

　A.金属键　　　　　　　　B.共价键　　　　　　　　C.离子键　　　　　　　　D.范德瓦尔斯力

2.有关化学键的叙述正确的是(　　)。[南方科技大学·2023]

　A.化学键中只有引力　　　　　　　　　　B.金属键和共价键都没有方向性

　C.氢键属于强键　　　　　　　　　　　　D.通常离子键能越大, 离子化合物强度越大

3.(多选)对于金属材料而言, 键能越高, 则以下说法正确的有(　　)。[哈尔滨工业大学·2019]

　A.熔点越高　　　　　　　　　　　　B.热膨胀系数越小

　C.熔化潜热越大　　　　　　　　　　D.强度越高

4.NaCl晶体的原子间键合方式是(　　)。[上海科技大学·2023]

　A.金属键　　　　　　　　B.离子键　　　　　　　　C.氢键

5.下列关于共价键的说法, 不正确的是(　　)。[上海科技大学·2023]

　A.共价键具有方向性

　B.共价键具有饱和性

　C.共价键不具有饱和性

6.共价键的作用力源于(　　)。[上海科技大学·2022]

　A.原子得失电子后正负离子的相互作用

　B.原子间共用电子对

　C.自由电子与正离子

7.氢分子中两个氢原子的结合键是(　　)。[河北工业大学·2016]

　A.金属键　　　　　　　　B.共价键　　　　　　　　C.离子键　　　　　　　　D.氢键

8.不属于陶瓷材料主要成键方式的是(　　)。[上海理工大学·2016]

　A.共价键　　　　　　B.离子键　　　　　　C.范德瓦尔斯力　　　　　　D.离子-共价键

9.金刚石晶胞中的C—C键属于(　　)。[华中科技大学·2018]

　A.离子键　　　　　　　　B.共价键　　　　　　　　C.金属键　　　　　　　　D.氢键

10.高分子链中的C—H键属于(　　)。[南方科技大学·2022]

　A.金属键　　　　　　　　B.共价键　　　　　　　　C.离子键　　　　　　　　D.氢键

11.原子半径的大小与键的性质直接相关, 不同的键型, 原子半径也不相同。其中, 可用键长的一半表示的是(　　)。[浙江大学·2005]

　A.共价半径、范德瓦尔斯半径

　B.金属半径、离子半径

　C.共价半径、离子半径

12.大多数实际材料键合的特点是( )。[浙江大学·2006]

    A.几种键合形式同时存在

    B.以离子键的形式存在

    C.以金属键的形式存在

13.容易形成玻璃的物质往往具有( )之类的键型。[南京工业大学·2019]

    A.离子键   B.金属键   C.共价键   D.极性共价键

14.下列不属于化学键的是( )。[天津大学·2019]

    A.金属键   B.氢键   C.离子键   D.共价键

15.InSb 晶体的主要化学键类型是( )。[苏州大学·2022]

    A.离子键   B.共价键   C.范德瓦尔斯力   D.金属键

16.下列物质中的键不属于氢键的是( )。[苏州大学·2021]

    A.HCl   B.H_2O C.NH_4F D.HF

17.下列结合键中不属于一次键的是( )。[苏州大学·2020]

    A.共价键   B.离子键   C.氢键   D.金属键

18.高分子的柔顺性采用的表征是( )。[厦门大学·2023]

    A.构型   B.构象   C.化学键构架

19.在高分子链中,以下键的柔顺性排序正确的是( )。[上海科技大学·2021]

    A. Si—O>C—O>C—C   B. C—O>C—C>Si—C

    C. C—O>Si—C>Si—O

20.高分子材料的远程结构是指单个高分子的大小与形态,又称为( )。[河北工业大学·2023]

    A.一次结构   B.二次结构   C.三次结构   D.高次结构

21.高分子结构单元连接时,( )。[浙江大学·2007]

    A.链节间通常由二次分子力(范德瓦尔斯力等)结合

    B.链节间的键合有时由饱和共价键(一次键)结合,有时由二次分子力(范德瓦尔斯力等)结合

    C.大分子间或同一大分子不同链段间仅靠二次分子力(范德瓦尔斯力等)结合

22.高分子晶体的特点是( )。[浙江大学·2005]

    A.高分子晶体属于分子晶体型

    B.高分子晶体属于共价晶体型

    C.高分子晶体属于部分共价晶体与部分分子晶体结合型

23.聚二甲基硅氧烷的硅氧键属于( )。[上海交通大学·2025]

    A.离子键   B.共价键   C.金属键   D.范德瓦尔斯力

24.高分子的柔顺性主要取决于( )。[上海交通大学·2025]

    A.主链链节   B.侧基   C.侧基内部基团   D.以上都是

答案与解析

一、判断题

1.金属单质的光泽、传导性、密度、硬度等物理性质,都可以用金属晶体中含有自由电子来解释。
（   ）[中国科学技术大学·2013]

【答案】×

【解析】考查金属键的特性。金属晶体中含有自由电子不能用来解释密度。

2.电子的排布总是先占据能量最低的内层,再由内向外进入能量较高的壳层。（   ）[中南大学·2018]

【答案】√

3.电子在原子核周围没有固定式的轨道运动,而是按一定概率在原子核附近空间各处出现,这是由于电子具有波动性。（   ）[北京工业大学·2014]

【答案】√

【解析】考查金属键。电子具有波动性,因此没有固定的运动轨道,而是以一定的概率出现在特定轨道附近的区域。

4.金属材料中除存在金属键外,还可能存在离子键。（   ）[北京理工大学·2020]

【答案】√

【解析】金属间化合物中,由于组成的金属之间存在电负性的差异,有一定的离子化倾向,于是出现金属键和离子键混合的现象。

5.离子键有方向性和饱和性。（   ）[中国海洋大学·2022]

【答案】×

【解析】考查离子键的性质。离子键没有方向性和饱和性。

6.氢键属于分子间力的一种,与范德瓦尔斯力的不同之处在于氢键具有方向性和饱和性。（   ）[北京工业大学·2011]

【答案】√

7.范德瓦尔斯力没有方向性和饱和性。（   ）[中国海洋大学·2020]

【答案】√

8.在$NaCl$,$BaCl_2$,$MgCl_2$,$AgCl$中,键的离子性程度由高到低的排列为$NaCl>BaCl_2>MgCl_2>AgCl$。（   ）[中国科学技术大学·2013]

【答案】×

【解析】考查原子间的键合。

①$AgCl$为难溶盐,其离子性程度最低,放最后。

②两元素电负性差值越大, 键的离子性程度越高。其中, Ba 和 Cl 的电负性差值最大, 因此 $BaCl_2$ 离子性程度最高。

③考虑离子极化的影响, 离子的正电荷越大, 半径越小, 极化作用越强, 从而使电子云重叠程度增加, 由离子键过渡到共价键。因此键的离子性程度 $NaCl>MgCl_2$。

综上, 键的离子性程度由高到低的排列为 $BaCl_2>NaCl>MgCl_2>AgCl$。

9.在金属与非金属所生成的化合物中, 离子键极化作用强, 有可能使其溶解度降低, 生成难溶物。( )[中国科学技术大学·2016]

【答案】√

【解析】考查原子间的键合。离子极化经常会产生键能加强、键长缩短等现象, 极化现象还能使离子键向共价键过渡, 故随着离子间相互极化作用的增强, 共价程度增强, 化合物溶解度降低。例如, $AgF>AgCl>AgBr>AgI$。

10.大多数盐类、碱类和金属氧化物主要以离子键的方式结合。( )[厦门大学·2010]

【答案】√

【解析】考查原子间的键合。

11.共价键具有饱和性和方向性。( )[西安交通大学·2021]

【答案】√

【解析】考查原子间的键合。

12.金属晶体中不存在定域的共价键, 以致每个原子周围配位原子的个数不受价电子数的限制, 只要空间许可, 就能堆积较多的原子。( )[中国科学技术大学·2013]

【答案】√

【解析】考查原子间的键合。金属键没有饱和性。

13.石墨晶体是由石墨烯结构单元以共价键作用力构成的。( )[中国科学技术大学·2011]

【答案】×

【解析】考查原子间的键合。石墨晶体的层与层之间由范德瓦尔斯力连接。

14.金属和合金中主要为金属键, 但有时还含有少量的其他键。( )[哈尔滨工业大学·2018]

【答案】√

【解析】考查原子间的键合。当合金内两个原子的电负性不同时, 会含有少量离子键。

15.某金属键能越高, 则其熔点、强度、模量越高, 其原子半径和热膨胀系数也越大。( )[哈尔滨工业大学·2013]

【答案】×

【解析】考查原子间的键合。键能越高, 原子半径越小, 热膨胀系数越小。

16.石英(SiO_2)的结合键是单一的共价键。( )[大连理工大学·2003]

【答案】×

【解析】考查原子间的键合。Si 和 O 的电负性不同, 因此键合中具有离子键成分。

17.氢键属于分子键的一种, 没有方向性和饱和性。(　　　)[太原理工大学·2022]

【答案】×

【解析】考查原子间的键合。氢键属于分子间作用力的一种, 有方向性和饱和性。

18.金属键属于物理键。(　　　)[太原理工大学·2021]

【答案】×

【解析】考查原子间的键合。金属键属于化学键。

19.共价键晶体由于成键的饱和性和方向性, 使间隙扩散机构占有优势。(　　　)[天津大学·2022]

【答案】×

【解析】考查原子间的键合。由于成键方向性的限制, 间隙扩散不利于体系能量的降低。

20.离子键化合物具有较高的熔点和硬度, 固态时导电、导热性较好。(　　　)[暨南大学·2021]

【答案】×

【解析】考查原子间的键合。离子晶体中很难产生自由运动的电子, 因此, 离子晶体都是良好的电绝缘体, 但当处于高温熔融状态时, 正、负离子在外电场作用下可以自由运动, 此时即呈现离子导电性。

21.共价晶体以共价键结合, 其特点是配位数服从 $8-N$ 法则(N 为原子的价电子数)。(　　　)[北京工业大学·2012]

【答案】√

【解析】考查原子间的键合。

22.范德瓦尔斯力是一种化学键。(　　　)[太原理工大学·2017]

【答案】×

【解析】考查原子连接方式。范德瓦尔斯力是物理键。

23.聚二甲基硅氧烷主链上不含碳原子, 而含硅和氧, 所以聚二甲基硅氧烷属于杂链高分子。(　　　)[厦门大学·2022]

【答案】×

【解析】杂链高分子主要指不同原子作为主链。

24.高聚物的结晶度增加, 其与链运动有关的性能, 如弹性、伸长率则提高。(　　　)[太原理工大学·2012]

【答案】×

【解析】考查高分子链的特性。结晶度大小对高聚物性能有一定影响。若结晶度提高, 高聚物密度增大, 熔点提高, 材料的硬度提高, 拉伸强度提高, 伸长率随之降低, 冲击强度也降低。因此, 在高分子材料加工过程中, 要控制一定的结晶度。

二、填空题

1. 原子的结合键有离子键、_____、金属键、氢键和范德瓦尔斯力。[厦门大学·2010]

【答案】共价键。

【解析】考查原子间的键合。

2. 材料中原子的结合键越强, 则材料的熔点_____, 弹性模量_____, 热膨胀系数_____。高分子材料的分子链中是_____键, 分子链之间是_____键, 故在金属、陶瓷和高分子三类材料中, 高分子材料的熔点_____, 弹性模量_____, 热膨胀系数_____。[西安交通大学·2010]

【答案】越高; 越大; 越小; 共价; 分子; 最低; 最小; 最大。

【解析】考查原子间的键合。结合键越强, 则材料的熔点越高, 弹性模量越大, 热膨胀系数越小。

3. 原子之间的键合方式有_____、_____、_____等化学键, 还有_____、_____。[郑州大学·2018]

【答案】金属键、离子键、共价键; 氢键、范德瓦尔斯力。

【解析】考查原子间的键合。

4. 金属键的主要特点是_____, 离子键的主要特点是_____, 共价键的主要特点是_____。[郑州大学·2017]

【答案】电子的共有化; 以离子而不是以原子为结合单元; 共用电子对。

【解析】考查原子间的键合。

5. 石墨晶体中原子的结合键有_____和_____。[昆明理工大学·2015]

【答案】共价键、范德瓦尔斯力。

【解析】考查原子间的键合。石墨晶体是一种层状材料, 层内原子的结合键为共价键, 层间结合键为范德瓦尔斯力。

6. 根据主要化学键的不同, 固体材料一般分为_____、_____、_____。[北京理工大学·2020]

【答案】金属材料、无机非金属材料、高分子材料。

【解析】考查原子间的键合。

7. 高分子材料中, 大分子的原子结合是_____, 而大分子与大分子之间的结合键是_____。[太原理工大学·2021]

【答案】共价键; 范德瓦尔斯力。

【解析】考查原子间的键合。

8. 高分子结构包括_____和_____两方面。[国防科技大学·2011]

【答案】高分子链结构、聚集态结构。

9.分子链的几何形状主要有线型、支化型和_____。[上海理工大学·2022]

【答案】体型(三维网状)。

10.高分子结构层次包括_____、_____、_____、高级结构。[东华大学·2023]

【答案】近程结构、远程结构、三次结构。

【解析】考查高分子链。

11.高分子链能够改变其构象的性质称为_____。其中对高分子链的刚柔性起决定性作用的是_____。高分子链中的重复结构单元的数目称为_____。[华中科技大学·2021]

【答案】柔顺性;主链结构;聚合度。

【解析】考查高分子链的结构。

12.高分子材料的基本聚合方式可以分为_____和_____。[华中科技大学·2007]

【答案】加聚、缩聚。

13.组成高聚物大分子链的每个基本重复结构单元称为_____。[太原理工大学·2022]

【答案】链节。

【解析】考查高分子链的结构。

14.高分子链中由于_____而产生的分子在空间的不同形态称为构象,高分子能够改变构象的性质称为_____。[北京工业大学·2003]

【答案】单键内旋转;柔顺性。

【解析】考查高分子链的特点。

15.化学键中共价键既有_____性,又有_____性。[北京工业大学·2025]

【答案】方向、饱和。

【解析】考查结合键的特点。只有氢键和共价键具有方向性和饱和性。

16.基态原子的核外电子排布规律必须遵守的三个原则是_____、_____、_____。[北京工业大学·2025]

【答案】能量最低原理、泡利不相容原理、洪德规则。

【解析】考查电子排布的三个基本原则。

三、选择题

1.原子结合键中,既有饱和性又有方向性的是(　　　)。[哈尔滨工业大学·2023]

A.金属键　　　　　　B.共价键　　　　　　C.离子键　　　　　　D.范德瓦尔斯力

【答案】B

【解析】考查原子间的键合。金属键没有饱和性和方向性;共价键有饱和性和方向性;离子键没有饱和性和方向性;范德瓦尔斯力属于物理键,没有饱和性和方向性。

2. 有关化学键的叙述正确的是(　　)。[南方科技大学·2023]

　A. 化学键中只有引力　　　　　　　　　B. 金属键和共价键都没有方向性

　C. 氢键属于强键　　　　　　　　　　　D. 通常离子键能越大, 离子化合物强度越大

【答案】D

3. (多选)对于金属材料而言, 键能越高, 则以下说法正确的有(　　)。[哈尔滨工业大学·2019]

　A. 熔点越高　　　　　　　　　　　　　B. 热膨胀系数小

　C. 熔化潜热越大　　　　　　　　　　　D. 强度越高

【答案】ABCD

【解析】考查原子间的键合。金属材料键能越高, 则破坏金属键需要的能量就越大, 熔点越高, 热膨胀系数越小, 熔化潜热越大, 强度越高。

4. NaCl 晶体的原子间键合方式是(　　)。[上海科技大学·2023]

　A. 金属键　　　　　　　B. 离子键　　　　　　　C. 氢键

【答案】B

【解析】考查原子间的键合。NaCl 是典型的离子晶体。

5. 下列关于共价键的说法, 不正确的是(　　)。[上海科技大学·2023]

　A. 共价键具有方向性

　B. 共价键具有饱和性

　C. 共价键不具有饱和性

【答案】C

【解析】考查原子间的键合。共价键具有方向性和饱和性。

6. 共价键的作用力源于(　　)。[上海科技大学·2022]

　A. 原子得失电子后正负离子的相互作用

　B. 原子间共用电子对

　C. 自由电子与正离子

【答案】B

【解析】考查原子间的键合。

7. 氢分子中两个氢原子的结合键是(　　)。[河北工业大学·2016]

　A. 金属键　　　　　　　B. 共价键　　　　　　　C. 离子键　　　　　　　D. 氢键

【答案】B

【解析】考查原子间的键合。

8. 不属于陶瓷材料主要成键方式的是(　　)。[上海理工大学·2016]

　A. 共价键　　　　　　　B. 离子键　　　　　　　C. 范德瓦尔斯力　　　　D. 离子－共价键

【答案】C

【解析】考查原子间的键合。范德瓦尔斯力不属于陶瓷材料主要成键方式。

9.金刚石晶胞中的C—C键属于(　　)。[华中科技大学·2018]

　　A.离子键　　　　　　B.共价键　　　　　　C.金属键　　　　　　D.氢键

【答案】B

【解析】考查原子间的键合。金刚石晶胞中的C—C键属于共价键。

10.高分子链中的C—H键属于(　　)。[南方科技大学·2022]

　　A.金属键　　　　　　B.共价键　　　　　　C.离子键　　　　　　D.氢键

【答案】B

11.原子半径的大小与键的性质直接相关,不同的键型,原子半径也不相同。其中,可用键长的一半表示的是(　　)。[浙江大学·2005]

　　A.共价半径、范德瓦尔斯半径

　　B.金属半径、离子半径

　　C.共价半径、离子半径

【答案】A

【解析】考查原子间的键合。离子键的键长为阴离子半径与阳离子半径的和,阴、阳离子半径并不为离子键键长的一半。

12.大多数实际材料键合的特点是(　　)。[浙江大学·2006]

　　A.几种键合形式同时存在

　　B.以离子键的形式存在

　　C.以金属键的形式存在

【答案】A

【解析】考查原子间的键合。大多数实际材料会同时存在几种键合形式。

13.容易形成玻璃的物质往往具有(　　)之类的键型。[南京工业大学·2019]

　　A.离子键　　　　　　B.金属键　　　　　　C.共价键　　　　　　D.极性共价键

【答案】D

【解析】考查原子间的键合。具有极性共价键的物质容易形成玻璃。

14.下列不属于化学键的是(　　)。[天津大学·2019]

　　A.金属键　　　　　　B.氢键　　　　　　C.离子键　　　　　　D.共价键

【答案】B

【解析】考查原子间的键合。氢键不属于化学键。

15.InSb晶体的主要化学键类型是(　　)。[苏州大学·2022]

　　A.离子键　　　　　　B.共价键　　　　　　C.范德瓦尔斯力　　　　　　D.金属键

【答案】B

【解析】考查原子间的键合。In 和 Sb 的电负性差很小, 因此键合类型主要是共价键。

16.下列物质中的键不属于氢键的是(　　　　)。[苏州大学·2021]

A. HCl　　　　　　　B. H_2O　　　　　　　C. NH_4F　　　　　　　D. HF

【答案】A

【解析】考查原子间的键合。注意:H 易与 N, O, F 等电负性大的原子结合成氢键, 而不容易与 S, Cl 这种电负性小的原子形成氢键。

17.下列结合键中不属于一次键的是(　　　　)。[苏州大学·2020]

A.共价键　　　　　B.离子键　　　　　C.氢键　　　　　D.金属键

【答案】C

【解析】考查原子间的键合。氢键是二次键。

18.高分子的柔顺性采用的表征是(　　　　)。[厦门大学·2023]

A.构型　　　　　B.构象　　　　　C.化学键构架

【答案】B

【解析】考查高分子链的柔顺性。高分子链能形成的构象数越多, 柔顺性就越好。

19.在高分子链中, 以下键的柔顺性排序正确的是(　　　　)。[上海科技大学·2021]

A. Si—O>C—O>C—C　　　　　　　　B. C—O>C—C>Si—C

C. C—O>Si—C>Si—O

【答案】A

【解析】考查高分子链的特点。

从键长和键角两方面解释:

①键长方面: 键长越长, 原子间相互作用越小, 链段内旋转越容易, 柔顺性越好。Si—O 键长较长, C—O 键长次之, C—C 键长相对较短。Si 原子半径比 C 原子半径大, Si—O 键长比 C—O 和 C—C 键长长, 使得 Si—O 键内旋转时空间位阻小, 内旋转容易; C—O 键长比 C—C 键长长, C—O 键内旋转也比 C—C 键更容易。

②键角方面: 较大的键角有利于内旋转, 会使链的柔顺性增加 。

综合键长和键角两方面因素, 键的柔顺性顺序为 Si—O＞C—O＞C—C 。

20.高分子材料的远程结构是指单个高分子的大小与形态, 又称为(　　　　)。[河北工业大学·2023]

A.一次结构　　　　B.二次结构　　　　C.三次结构　　　　D.高次结构

【答案】B

【解析】考查高分子链的结构。高分子材料的远程结构是指单个高分子的大小与形态, 又称为二次结构。

21.高分子结构单元连接时, (　　　　)。[浙江大学·2007]

A.链节间通常由二次分子力(范德瓦尔斯力等)结合

B.链节间的键合有时由饱和共价键(一次键)结合, 有时由二次分子力(范德瓦尔斯力等)结合

C.大分子间或同一大分子不同链段间仅靠二次分子力(范德瓦尔斯力等)结合

【答案】C

【解析】考查高分子链的结构。对于高分子结构单元, 链节间通常由饱和共价键连接, 称为一次键连接; 而大分子之间或同一大分子不同链段(包含若干链节)之间仅靠二次分子力(范德瓦尔斯力、伦敦力和色散力)的相互作用。

22.高分子晶体的特点是(　　　)。[浙江大学·2005]

A.高分子晶体属于分子晶体型

B.高分子晶体属于共价晶体型

C.高分子晶体属于部分共价晶体与部分分子晶体结合型

【答案】A

【解析】考查高分子链的结构。高分子链节间通常由饱和共价键连接, 而大分子和大分子之间或同一大分子不同链段之间则是通过弱二次分子力使局部排列成有序的结晶区, 所以高分子晶体属于分子晶体。

23.聚二甲基硅氧烷的硅氧键属于(　　　)。[上海交通大学·2025]

A.离子键　　　　　　　B.共价键　　　　　　C.金属键　　　　　　D.范德瓦尔斯力

【答案】B

【解析】考查聚二甲基硅氧烷的结构:

$$\left[O\!-\!\underset{\underset{\displaystyle CH_3}{|}}{\overset{\overset{\displaystyle CH_3}{|}}{Si}} \right]_n$$

硅氧键是共价键。

24.高分子的柔顺性主要取决于(　　　)。[上海交通大学·2025]

A.主链链节　　　　B.侧基　　　　　　C.侧基内部基团　　　　D.以上都是

【答案】A

【解析】主链结构对高分子链的柔顺性起决定性作用。

第二章　固体结构

一、判断题

1. 同一空间点阵可有无限种晶体结构,不同晶体结构可归属同一种空间点阵。（　　）[北京工业大学·2017]

2. 晶格中引入杂质或者溶质,总会使晶格参数变大。（　　）[北京工业大学·2020]

3. 在宏观晶体中,独立的宏观对称要素有8种。（　　）[南京工业大学·2015]

4. 在宏观晶体中,只存在32种不同的对称型。（　　）[南京工业大学·2009]

5. 鲍林规则适用于所有的晶体结构。（　　）[南京工业大学·2009]

6. 在宏观晶体中进行对称操作时,晶体的中心点是不动的。（　　）[南京工业大学·2008]

7. 微观对称要素的核心是平移轴。（　　）[南京工业大学·2008]

8. 在非晶态固体材料中,原子在三维空间不具备周期性的重复排列,处于完全无序的状态。（　　）[北京工业大学·2016]

9. 密排六方和面心立方均属于密排结构,它们原子密排面的堆垛方式不同,原子配位数也不同。（　　）[北京工业大学·2013]

10. 宏观晶体中存在的对称要素必定都通过晶体的中心。（　　）[暨南大学·2022]

11. 等轴晶系的对称特点是具有4根三次轴。（　　）[暨南大学·2022]

12. 空间点阵是原子、离子、分子在三维空间的周期性排列。（　　）[北京理工大学·2021]

13. 密排六方是一种金属中常见的空间点阵。（　　）[北京理工大学·2021]

14. 准晶体中存在5次旋转对称。（　　）[北京理工大学·2020]

15. 在正交晶系中,(110)面一定垂直于c轴。（　　）[南京工业大学·2016]

16. FCC,HCP晶体结构的原子堆积方式一样,因为它们具有相同的原子堆积系数。（　　）[北京工业大学·2021]

17. 正交晶系中,(001)面一定与(110)面互相垂直。（　　）[暨南大学·2021]

18. 立方晶系中具有相同指数的晶面与晶向相垂直。（　　）[中国海洋大学·2022]

19. 晶向族中的各个晶向都相互平行、方向一致。（　　）[中国海洋大学·2020]

20. 通常低指数的面间距较小,高指数的面间距较大。（　　）[中国海洋大学·2020]

21. 由于面心立方和密排六方的配位数和致密度都相同,因此分别具有两种晶体结构的金属其性能基本一样。（　　）[重庆大学·2019]

22. 纯钛由高温的BCC结构转变为低温的HCP结构,体积要缩小。（　　）[重庆大学·2018]

23. 在面心立方晶格中,原子密度最大的晶面是{100}。（　　）

24. 金属中典型的晶体结构有体心立方、面心立方和密排六方三种。（　　）[北京理工大学·

2014]

25.密排六方结构是纯金属的基本晶体结构之一, 也是布拉维点阵之一。(　　　)[天津大学·2018]

26.A, B两种元素, 电负性差越大, 越利于形成金属间化合物。(　　　)[北京理工大学·2022]

27.固溶体中因溶解了杂质元素, 其微结构呈现出类似于非晶的无序状态。(　　　)[暨南大学·2021]

28.在固溶体形成规律中, 溶质与溶剂晶体结构相同, 是形成连续固溶体的充分必要条件。(　　　)[暨南大学·2023]

29.间隙固溶体中溶解度越高, 强化作用越强。(　　　)[西安交通大学·2021]

30.在置换固溶体中, 组元间的半径相差越小, 则固溶体的固溶度越大, 当相差小于10%时, 就可以形成无限固溶体。(　　　)[华中科技大学·2005]

31.塑性变形时, 滑移面总是晶体的密排面, 滑移方向也总是密排方向。(　　　)[北京理工大学·2014]

32.鲍林规则适用于共价键的晶体结构。(　　　)[南京工业大学·2007]

33.金刚石结构是立方面心格子, 所以金刚石中的碳是按立方密堆形式排列的。(　　　)[南京工业大学·2010]

34.正交晶系中, [011]晶向垂直于(011)晶面。(　　　)[北京工业大学·2025]

35.非晶态固体材料中的原子在三维空间中不具备周期性重复排列的特性, 处于完全无序。(　　　)[北京工业大学·2025]

36.在HCP晶体中, 八面体间隙数与原子数之比为2∶1。(　　　)[清华大学·2025]

二、填空题

1.形成无限固溶体, 晶体结构_____, 电负性_____, 半径差_____。[大连理工大学·2017]

2.晶体的空间点阵分属于_____大晶系, 其中正方晶系点阵常数的特点为_____, 请列举除立方晶系和正方晶系外其他任意三种晶系的名称:_____、_____、_____。铜的晶体结构属于_____空间点阵。[南京航空航天大学·2004]

3.如果只考虑宏观对称要素, 可将晶体分为_____种对称型, 每一个晶族可按旋转轴和旋转反伸轴的轴次、数目把晶体分为_____大晶系; 如果在单胞的特殊位置加上阵点, 可构成_____种布拉维点阵。[天津理工大学·2009]

4.宏观对称元素有四个, 包括_____、_____、_____和_____。[哈尔滨工业大学·2016]

5.布拉维点阵的基本特点是具有_____和_____, 而且每个结点都是等同点。[西南交通大学·2016]

6. 六方晶系中, 四轴晶向指数 $[01\bar{1}0]$ 转化为三轴晶向指数为_____。[国防科技大学·2016]

7. FCC的密排面是_____, 堆垛次序是_____。HCP的密排面是_____, 堆垛次序是_____。[南方科技大学·2023]

8. 在立方晶体中, <111> 晶向族中的_____晶向位于 $(\bar{2}13)$ 晶面上。[哈尔滨工业大学·2011]

9. 若把金属原子看作钢球, 其原子半径 R 与体心立方结构的点阵常数 a 的关系为_____。[哈尔滨工业大学·2011]

10. 铝为面心立方晶体, 其晶体的致密度为_____, 原子的配位数为_____, (111) 晶面的面密度为_____。若晶格常数为 a, 则铝原子的半径为_____。[国防科技大学·2017]

11. FCC 单位晶胞内的四面体间隙个数为_____, 八面体间隙个数为_____; BCC 单位晶胞内的四面体间隙个数为_____, 八面体间隙个数为_____。[大连理工大学·2018]

12. 一个面心立方晶胞中共有_____个原子, 其致密度为_____, 配位数为_____, 其八面体间隙比四面体间隙_____。[南京航空航天大学·2004]

13. 面心立方晶体的最密排面是_____, 最密排方向是_____; 体心立方晶体的最密排面是_____, 最密排方向是_____; 密排六方晶体的最密排面是_____, 最密排方向是_____。[西南交通大学·2007]

14. 纯铁从室温加热到1 000 ℃, 会发生从_____的_____向面心立方的_____的转变。假设转变前后铁原子的半径不发生变化, 则产生的体积变化为_____。[国防科技大学·2017]

15. 若面心立方晶格的晶格常数为 a, 则最大的晶面间距为_____, 所对应的晶面为_____。[国防科技大学·2014]

16. 面心立方晶体的最密排面是_____, 最密排方向是_____, 原子个数是_____, 原子半径是_____, 配位数是_____, 致密度是_____, 四面体间隙个数是_____, 八面体间隙个数是_____。

17. 铜基固溶体的极限电子浓度为1.36。Cu-Zn组成的固溶体中最多可溶入_____的 Zn; Cu-Sn组成的固溶体中最多可溶入_____的 Sn。[国防科技大学·2014]

18. 影响固溶体溶解度的主要因素有_____、_____、_____、_____。[国防科技大学·2016]

19. 按照溶质原子在晶格中的位置, 固溶体可分为_____和_____, 按照固溶度大小, 可分为_____和_____。[武汉大学·2018]

20. 形成无限固溶体的必要条件是_____。[哈尔滨工业大学·2011]

21. 组成晶体结构的最小体积单元是_____。[北京工业大学·2025]

22. 萤石的化学式是_____, 它的晶体结构是阳离子构成_____格子, 阴离子填入全部_____空隙中, 这样的空隙共_____个。[北京工业大学·2025]

三、选择题

1. 下列属于面心立方晶体中的三次对称轴的晶向是(　　)。[东南大学·2014]

    A.[100]   B.[110]   C.[111]   D.[211]

2. 下列晶体结构中, 不属于14种布拉维空间点阵的是(　　)。[东南大学·2008]

    A.简单立方   B.面心立方   C.体心立方   D.密排六方

3. 准晶体特有的对称轴次为(　　)。[中国科学技术大学·2021]

    A. 1   B. 3   C. 5   D. 7

4. 晶体中的旋转对称轴的轴次只能是(　　)。[中国科学技术大学·2013]

    A. 1, 2, 3, 4, 5, 6   B. 1, 2, 3, 4, 6   C. 2, 3, 4, 6, 10

5. 晶体中不存在的对称轴是(　　)次对称轴。[中国科学技术大学·2020]

    A. 1   B. 3   C. 4   D. 5

6. 引入晶面指数的目的为(　　)。[东南大学·2019]

    A.描述晶面上原子结构   B.描述晶面取向

    C.描述晶面间距   D.描述晶面、晶向之间的位向关系

7. 不属于面心立方点阵的晶体结构是(　　)。[国防科技大学·2017]

    A. NaCl结构   B. 金刚石结构   C. 立方ZnS结构   D. CsCl结构

8. 晶胞选取时, 应该首先满足(　　)条件。[国防科技大学·2016]

    A. 体积最小

    B. 反映晶体的对称性最高

    C. 晶胞内的直角最多

9. (多选)不属于14种布拉维点阵的是(　　)。[国防科技大学·2016]

    A. 体心正方   B. 面心正方   C. 简单正方   D.范德瓦尔斯力

10. 在晶体的宏观对称要素中, 对称面的对称操作是(　　)。[武汉大学·2018]

    A. 旋转   B.反伸   C.反映   D.旋转+反映

11. $a=b=c$ 的空间点阵不属于(　　)晶系。[哈尔滨工业大学·2013]

    A.立方   B.菱方   C.四方

12. 两晶体的空间点阵相同, 则它们(　　)。[东南大学·2017]

    A.具有的晶体结构相同   B.具有的对称性相同

    C.具有的周期性规律相同   D.所属的空间群相同

13. 空间点阵是用来描述晶体结构的周期性的, 因此(　　)。[东南大学·2007]

    A.自然界存在的晶体结构的种类和空间点阵的数量相同

    B.任何一个晶体的晶体结构和空间点阵完全等同

C.表示晶体结构周期性的空间点阵的数量少于自然界晶体结构的种类

D.表示晶体结构周期性的空间点阵的数量多于自然界晶体结构的种类

14.下列对称操作不属于宏观对称的是(　　　)。[东南大学·2013]

　　A.镜面对称　　　　　　B.旋转反演　　　　　　C.滑移面　　　　　　D.中心对称

15.下面晶向属于面心立方晶体中的三次对称轴的是(　　　)。[东南大学·2011]

　　A.[100]　　　　　　B.[110]　　　　　　C.[111]　　　　　　D.[211]

16.立方晶系中, {111}晶面族包含(　　　)个等同晶面。[东南大学·2013]

　　A.2　　　　　　B.4　　　　　　C.6　　　　　　D.8

17.若某一晶体中若干晶面同属于某一晶带, 则(　　　)。[东南大学·2012]

　　A.这些晶面必定是同族晶面　　　　　　　　B.这些晶面必定相互平行

　　C.这些晶面上原子排列相同　　　　　　　　D.这些晶面之间的交线相互平行

18.下列立方晶体的晶面中, (　　　)与(123),(213)属同一晶带。[东南大学·2011]

　　A.(313)　　　　　　B.(011)　　　　　　C.(312)　　　　　　D.(231)

19.关于晶体中间隙原子的说法, 正确的是(　　　)。[东南大学·2008]

　　A.晶体中间隙尺寸明显小于原子尺寸, 所以平衡时晶体中不应该存在间隙原子

　　B.间隙原子总是与空位成对出现

　　C.间隙原子形成能较空位形成能大得多

　　D.只有杂质原子才可能成为间隙原子

20.密排六方和面心立方均属于密排结构, 它们的不同点是(　　　)。[东南大学·2015]

　　A.原子密排面的堆垛方式不同　　　　　　　B.原子配位数不同

　　C.晶胞选取原则不同　　　　　　　　　　　D.密排面上的原子排列方式不同

21.六方晶系中, 和($1\overline{2}12$)晶面等同的晶面(同族晶面)是(　　　)。[东南大学·2006]

　　A.($\overline{1}212$)　　　　　　B.($12\overline{1}2$)　　　　　　C.($12\overline{1}1$)　　　　　　D.($2\overline{1}\overline{1}2$)

22.在面心立方晶体结构中, 晶胞原子数是(　　　)。[西南交通大学·2014]

　　A.2　　　　　　B.4　　　　　　C.6　　　　　　D.8

23.一个晶胞为面心立方紧密堆积, M 为相对原子质量, a 为晶胞常数, N_A 为阿伏伽德罗常数, 则晶体的密度为(　　　)。[中国科学技术大学·2021]

　　A.$M/(N_A a^3)$　　　　　B.$2M/(N_A a^3)$　　　　　C.$3M/(N_A a^3)$　　　　　D.$4M/(N_A a^3)$

24.氧化锌属于(　　　)晶系。[武汉大学·2018]

　　A.正交　　　　　　B.六方　　　　　　C.立方　　　　　　D.单斜

25.下列晶体结构中, 堆积因子最高的是(　　　)。[南方科技大学·2023]

　　A.体心四方　　　　　　B.面心立方　　　　　　C.体心立方　　　　　　D.简单立方

26. 下列属于间隙固溶体的是(　　)。[南方科技大学·2023]

　　A. Cu—Fe　　　　　B. Fe—Ni　　　　　C. Cu—Ag　　　　　D. Fe—C

27. 下列晶体面间距最大的是(　　)。[南方科技大学·2022]

　　A.(001)　　　　　B.(111)　　　　　C.(101)　　　　　D.(011)

28. (多选)以下晶体结构中,最密堆积晶体结构是(　　)。[南方科技大学·2021]

　　A.SC　　　　　B. BCC　　　　　C. FCC　　　　　D. HCP

29. 立方晶体中,同属于 $[1\bar{1}1]$ 晶带的晶面是(　　)。[哈尔滨工业大学·2022]

　　A.(111)　　　　　B.(110)　　　　　C.(211)　　　　　D.(112)

30. 与(211)和(112)属于同一晶面带的是(　　)。[哈尔滨工业大学·2021]

　　A.$(10\bar{1})$　　　　　B.$(1\bar{1}1)$　　　　　C.$(\bar{3}11)$　　　　　D.$(2\bar{5}1)$

31. 纯钛从高温冷却到993 ℃时,由体心立方晶格转变为密排六方晶格,若原子半径增加了2%,则该同素异构转变时,体积变化为(　　)。[哈尔滨工业大学·2020]

　　A.收缩2.52%　　　　　　　　　　　　B.收缩1.27%

　　C.膨胀2.52%　　　　　　　　　　　　D.膨胀1.27%

32. 密排六方点阵的致密度与(　　)的相同。[哈尔滨工业大学·2013]

　　A.体心立方点阵　　　　B.面心立方点阵　　　　C.简单立方点阵

33. 面心立方结构(111)面的堆垛顺序为(　　)时,形成抽出型层错。[哈尔滨工业大学·2013]

　　A. $ABCBCABCA$　　　　B. $ABCBABCAB$　　　　C. $ABCACBACB$

34. (多选)属于 $[\bar{1}12]$ 晶带的晶向有(　　)。[哈尔滨工业大学·2006]

　　A.[311]　　　　　B.<110>　　　　　C.$[24\bar{1}]$　　　　　D.[110]

　　E.$[13\bar{1}]$　　　　　F.$[\bar{1}\,\bar{1}0]$　　　　　G.$[1\bar{1}1]$　　　　　H.$[11\bar{1}]$

35. 六方晶系中,[210]晶向对应的四轴坐标应为(　　)。[哈尔滨工业大学·2019]

　　A.$[10\bar{1}0]$　　　　　B.[1010]　　　　　C.$[20\bar{1}0]$　　　　　D.$[\bar{1}020]$

36. (多选)合金元素溶入铁素体中可能产生的变化是(　　)。[哈尔滨工业大学·2018]

　　A.晶格畸变　　　　　　　　　　　　　B.固溶强化

　　C.强度降低　　　　　　　　　　　　　D.强度升高,塑性降低

37. (多选)以下对置换固溶体溶解度影响因素的描述中,正确的有(　　)。[哈尔滨工业大学·2013]

　　A.电负性差越小,溶解度越大　　　　　B.电子浓度越小,溶解度越大

　　C.原子尺寸差越小,溶解度越大　　　　D.晶体结构越相似,溶解度越大

38. 晶面(011)和(111)所在的晶带,其晶带轴的指数为(　　)。[哈尔滨工业大学·2012]

A.[x10]　　　　　　　　B.[1x0]　　　　　　　　C.[01x]　　　　　　　　D.[x01]

39.（多选）晶格常数为 a 的奥氏体，其八面体间隙（　　）。[哈尔滨工业大学·2010]

A.不对称　　　　　　　　　　　　　　B.间隙半径 $\approx 0.146a$

C.位于体心和棱边中心　　　　　　　　D.由 6 个原子组成

40.（多选）Cu 与 Zn 可能形成（　　）。[哈尔滨工业大学·2006]

A.置换固溶体　　　　B.无序固溶体　　　　C.有限固溶体　　　　D.电子化合物

E.无限固溶体　　　　F.有序固溶体　　　　G.正常价化合物　　　　H.超点阵

41. α-Fe 到 γ-Fe 结构变化为（　　）。[东南大学·2021]

A.原子半径减小　　　　B.材料体积减小　　　　C.配位数减小　　　　D.密度减小

42.立方晶系中，与(101)和(111)属同一晶带的晶面为（　　）。[东南大学·2021]

A.(110)　　　　　　　　B.(011)　　　　　　　　C.$(\bar{1}10)$　　　　　　　　D.(010)

43.简单立方晶系面间距最大的晶面为（　　）。[东南大学·2021]

A.(100)　　　　　　　　B.(110)　　　　　　　　C.(111)　　　　　　　　D.(121)

44.（多选）体心立方晶体的四面体间隙（　　）。[哈尔滨工业大学·2009]

A.对称　　　　　　B.不对称　　　　　　C.半径为 $\dfrac{\sqrt{5}-\sqrt{3}}{4}a$　　　　D.由四个原子组成

45.以下合金元素中，在 Cu 中固溶度最高的元素为（　　）。[国防科技大学·2018]

A. Ni　　　　　　　　B. Au　　　　　　　　C. Zn　　　　　　　　D. Sn

46.下列立方晶体的晶面中，与(201)和(231)晶面属同一晶带的是（　　）。[东南大学·2014]

A.(313)　　　　　　　　B.(010)　　　　　　　　C.(312)　　　　　　　　D.(011)

47.对于 A，B 两种原子形成的固溶体，下列说法正确的是（　　）。[东南大学·2013]

A.形成间隙固溶体时，仅有间隙原子发生扩散

B.形成间隙固溶体时，不会发生空位扩散

C.形成置换固溶体时，A，B 两种原子都会发生扩散

D.形成置换固溶体时，不会发生空位扩散

48.以下化合物中属于电子化合物的为（　　）。[国防科技大学·2018]

A. $MgSi_2$　　　　　　B. $CuZn_3$　　　　　　C. Fe_3C　　　　　　D. WC

49.Cu 与 Zn 不会形成（　　）。[哈尔滨工业大学·2021]

A.间隙固溶体　　　　B.有序固溶体　　　　C.电子化合物　　　　D.拓扑密堆相

50.电子化合物的晶体结构主要取决于（　　）。[哈尔滨工业大学·2022]

A.电子浓度　　　　B.原子尺寸　　　　C.电负性　　　　D.原子间相互作用

51.铜基固溶体的极限电子浓度为 1.36，则 Cu-Zn 合金中最多可溶入的 Zn 的原子分数为（　　）。

[国防科技大学·2016]

A. 36% B. 18% C. 12%

52.间隙相和间隙固溶体的区别之一是( )。[东南大学·2010]

A.间隙相结构比间隙固溶体结构简单

B.间隙相的间隙原子比间隙固溶体中的间隙原子大

C.间隙固溶体中间隙原子含量比间隙相的大

53.拓扑密排与几何密排相比,( )。[东南大学·2009]

A.几何密排的配位数高,致密度小

B.拓扑密排的配位数高,致密度小

C.拓扑密排的配位数高,致密度大

D.几何密排的配位数高,致密度大

54.固态时,下列晶体中属于非离子晶体的是( )。[中国科学技术大学·2021]

A. $AlCl_3$ B. $PdCl_2$ C. Na_2SO_4 D. Cs_2CO_3

55.固态时,属于典型离子晶体的是( )。[中国科学技术大学·2020]

A. $AlCl_3$ B. SiO_2 C. $NaCl$ D. CCl_4

56.离子晶体的配位数是指( )。[东南大学·2011]

A.最近邻的异号离子数 B.最近邻的同号离子数

C.最近邻离子数 D.与周围离子的成键总数

57.根据鲍林第一规则,在离子晶体中,正负离子间的平衡距离取决于( )。[上海科技大学·2023]

A.离子半径之差 B.离子半径之和 C.离子半径之比

58.(多选)与非晶体相比,晶体具有( )。[哈尔滨工业大学·2020]

A.各向同性 B.各向异性 C.原子排列长程有序 D.高电阻率

59.立方结构不会出现的对称轴为( )。[东南大学·2021]

A. 2次轴 B. 3次轴 C. 4次轴 D. 6次轴

60.准晶的对称轴是( )。[北京大学·2025]

A. 2次轴 B. 3次轴 C. 4次轴 D. 5次轴

61.钙钛矿$CaTiO_3$是( )点阵。[北京大学·2025]

A.简单立方 B.面心立方 C.密排六方 D.简单四方

62.[112]和[113]晶向所在的晶面是( )。[上海交通大学·2025]

A.$(1\bar{1}0)$ B.$(\bar{1}12)$ C.(111) D.(112)

63.离子晶体正负离子半径之比为0.993,则晶体阳离子配位数是( )。[上海交通大学·2025]

A. 2 B. 4 C. 6 D. 8

64.立方晶体含有$[1\bar{2}1]$的晶面是( )。[上海交通大学·2024]

A.(111)   B.(001)   C.(110)   D.(123)

65.面心立方晶体结构的(111)面的面配位数是（   ）。[上海交通大学·2024]

A.4   B.6   C.8   D.12

66.具有同一晶带轴的晶面的关系为（   ）。[上海交通大学·2024]

A.平行   B.垂直   C.相交的直线平行   D.不确定

67.一个体心立方晶胞八面体间隙个数为（   ）。[上海交通大学·2024]

A.4   B.6   C.8   D.3

答案与解析

一、判断题

1.同一空间点阵可有无限种晶体结构,不同晶体结构可归属同一种空间点阵。(　　)［北京工业大学·2017］

【答案】√

【解析】考查空间点阵与晶体结构。空间点阵只有14种,而晶体结构有无数种,空间点阵＝晶体结构+结构基元。

2.晶格中引入杂质或者溶质,总会使晶格参数变大。(　　)［北京工业大学·2020］

【答案】×

【解析】考查点缺陷。空位引起晶格收缩,间隙原子引起晶格膨胀,置换原子可引起收缩或膨胀。

3.在宏观晶体中,独立的宏观对称要素有8种。(　　)［南京工业大学·2015］

【答案】√

4.在宏观晶体中,只存在32种不同的对称型。(　　)［南京工业大学·2009］

【答案】√

5.鲍林规则适用于所有的晶体结构。(　　)［南京工业大学·2009］

【答案】×

【解析】鲍林规则仅适用于离子晶体结构。

6.在宏观晶体中进行对称操作时,晶体的中心点是不动的。(　　)［南京工业大学·2008］

【答案】√

7.微观对称要素的核心是平移轴。(　　)［南京工业大学·2008］

【答案】√

8.在非晶态固体材料中,原子在三维空间不具备周期性的重复排列,处于完全无序的状态。(　　)［北京工业大学·2016］

【答案】×

【解析】非晶态固体材料短程有序、长程无序。

9.密排六方和面心立方均属于密排结构,它们原子密排面的堆垛方式不同,原子配位数也不同。(　　)［北京工业大学·2013］

【答案】×

【解析】考查晶体结构。密排六方和面心立方的原子配位数相同,均为12。

10.宏观晶体中存在的对称要素必定都通过晶体的中心。(　　)［暨南大学·2022］

【答案】√

【解析】考查对称性。宏观对称要素包括回转对称轴、对称面、对称中心、回转－反演轴, 这些对称要素都通过晶体的中心。

11. 等轴晶系的对称特点是具有 4 根三次轴。(　　　)[暨南大学·2022]

【答案】√

【解析】考查对称性。等轴晶系即立方晶系, 只有 4 条体对角线, 即 4 根三次轴。

12. 空间点阵是原子、离子、分子在三维空间的周期性排列。(　　　)[北京理工大学·2021]

【答案】×

【解析】晶体结构是原子、离子、分子在三维空间的周期性排列。

13. 密排六方是一种金属中常见的空间点阵。(　　　)[北京理工大学·2021]

【答案】×

【解析】考查空间点阵的定义。简单六方是一种金属中常见的空间点阵, 但密排六方不是。

14. 准晶体中存在 5 次旋转对称。(　　　)[北京理工大学·2020]

【答案】√

【解析】晶体只有 1, 2, 3, 4, 6 次旋转对称, 准晶体中才有 5 次。

15. 在正交晶系中, (110) 面一定垂直于 c 轴。(　　　)[南京工业大学·2016]

【答案】×

16. FCC, HCP 晶体结构的原子堆积方式一样, 因为它们具有相同的原子堆积系数。(　　　)[北京工业大学·2021]

【答案】×

【解析】考查晶体结构。原子堆积方式不一样, FCC 是 $ABCABC$ 排列, HCP 是 $ABABAB$ 排列。

17. 正交晶系中, (001) 面一定与 (110) 面互相垂直。(　　　)[暨南大学·2021]

【答案】√

【解析】(001) 面法线平行于 (110) 面, 所以 (001) 面垂直于 (110) 面。

18. 立方晶系中具有相同指数的晶面与晶向相垂直。(　　　)[中国海洋大学·2022]

【答案】√

19. 晶向族中的各个晶向都相互平行、方向一致。(　　　)[中国海洋大学·2020]

【答案】×

【解析】考查晶向族的特点。

①立方晶系, 数字相同, 仅正负号、数字排序不同的属于同一晶向族;

②一个晶向指数代表一系列相互平行、方向相同的晶向;

③一个晶向族代表一系列性质、地位相同的晶向。

20. 通常低指数的面间距较小, 高指数的面间距较大。(　　　)[中国海洋大学·2020]

【答案】×

【解析】以立方晶系的晶面间距计算为例：$d_{hkl}=\dfrac{a}{\sqrt{h^2+k^2+l^2}}$，晶面指数 (hkl) 越小，式中分母越小，d 越大。

21.由于面心立方和密排六方的配位数和致密度都相同，因此分别具有两种晶体结构的金属其性能基本一样。（　　）[重庆大学·2019]

【答案】×

【解析】考查典型金属的晶体结构的比较。六方晶体具有更强的各向异性。

22.纯钛由高温的BCC结构转变为低温的HCP结构，体积要缩小。（　　）[重庆大学·2018]

【答案】√

【解析】考查晶体结构。致密度由68%到74%，致密度增加，体积缩小。

23.在面心立方晶格中，原子密度最大的晶面是 {100}。（　　）

【答案】×

【解析】考查晶体结构。在面心立方晶格中，原子密度最大的晶面，即最密排面为 {111}。

24.金属中典型的晶体结构有体心立方、面心立方和密排六方三种。（　　）[北京理工大学·2014]

【答案】√

25.密排六方结构是纯金属的基本晶体结构之一，也是布拉维点阵之一。（　　）[天津大学·2018]

【答案】×

【解析】考查晶体结构与点阵的定义。密排六方结构是晶体结构，密排六方是点阵。

26.A，B两种元素，电负性差越大，越利于形成金属间化合物。（　　）[北京理工大学·2022]

【答案】√

27.固溶体中因溶解了杂质元素，其微结构呈现出类似于非晶的无序状态。（　　）[暨南大学·2021]

【答案】×

【解析】考查固溶体。完全无序的固溶体是不存在的。

28.在固溶体形成规律中，溶质与溶剂晶体结构相同，是形成连续固溶体的充分必要条件。（　　）[暨南大学·2023]

【答案】×

【解析】考查固溶体。连续固溶体，即无限固溶体。晶体结构相同是组元间形成无限固溶体的必要条件，但不是充分条件。例如，在以铁为基的固溶体中，当铁与其他溶质元素的原子半径相对差 Δr 小于8%且两者的晶体结构相同时，才有可能形成无限固溶体；否则，就只能形成有限固溶体。

29. 间隙固溶体中溶解度越高, 强化作用越强。( )［西安交通大学·2021］

【答案】√

【解析】溶解度越高, 晶体畸变越高, 强度提高越多, 强化作用越强。

30. 在置换固溶体中, 组元间的半径相差越小, 则固溶体的固溶度越大, 当相差小于 10% 时, 就可以形成无限固溶体。( )［华中科技大学·2005］

【答案】×

【解析】考查形成无限固溶体的条件。形成无限固溶体不仅仅需要满足原子尺寸差的条件。

31. 塑性变形时, 滑移面总是晶体的密排面, 滑移方向也总是密排方向。( )［北京理工大学·2014］

【答案】√

32. 鲍林规则适用于共价键的晶体结构。( )［南京工业大学·2007］

【答案】×

【解析】考查鲍林规则。鲍林规则仅适用于离子晶体结构。

33. 金刚石结构是立方面心格子, 所以金刚石中的碳是按立方密堆形式排列的。( )［南京工业大学·2010］

【答案】×

【解析】考查晶体结构。金刚石(C)为典型的共价键晶体(原子晶格), 不遵循最紧密堆积原理, 致密度为 34%。

34. 正交晶系中, [011]晶向垂直于(011)晶面。( )［北京工业大学·2025］

【答案】×

【解析】只有立方晶系才满足 [011] 晶向垂直于 (011) 晶面。

35. 非晶态固体材料中的原子在三维空间中不具备周期性重复排列的特性, 处于完全无序。( )［北京工业大学·2025］

【答案】×

【解析】非晶态固体材料存在短程有序, 并非完全无序。

36. 在 HCP 晶体中, 八面体间隙数与原子数之比为 2:1。( )［清华大学·2025］

【答案】×

【解析】在 HCP 晶体中, 八面体间隙数与原子数之比为 1:1。

二、填空题

1. 形成无限固溶体, 晶体结构_____, 电负性_____, 半径差_____。［大连理工大学·2017］

【答案】相同; 相差较小; $\Delta r < 15\%$。

2.晶体的空间点阵分属于_____大晶系，其中正方晶系点阵常数的特点为_____，请列举除立方晶系和正方晶系外其他任意三种晶系的名称：_____、_____、_____。铜的晶体结构属于_____空间点阵。[南京航空航天大学·2004]

【答案】7; $a = b \neq c$, $\alpha = \beta = \gamma = 90°$; 三斜、单斜、六方、菱方、正交(任选三种); 面心立方。

3.如果只考虑宏观对称要素，可将晶体分为_____种对称型，每一个晶族可按旋转轴和旋转反伸轴的轴次、数目把晶体分为_____大晶系；如果在单胞的特殊位置加上阵点，可构成_____种布拉维点阵。[天津理工大学·2009]

【答案】32; 7; 14。

4.宏观对称元素有四个，包括_____、_____、_____和_____。[哈尔滨工业大学·2016]

【答案】回转对称轴、对称中心、对称面、回转 – 反演轴。

【解析】考查对称性。宏观对称元素有四个，包括回转对称轴、对称中心、对称面和回转 – 反演轴。

5.布拉维点阵的基本特点是具有_____和_____，而且每个结点都是等同点。[西南交通大学·2016]

【答案】平移性、对称性。

6.六方晶系中，四轴晶向指数 $[01\bar{1}0]$ 转化为三轴晶向指数为_____。[国防科技大学·2016]

【答案】[120]。

【解析】考查晶向指数。

$[UVW]$ 与 $[uvtw]$ 之间的互换关系如下。

$[uvtw] \rightarrow [UVW]$:

$$\begin{cases} U = u - t \\ V = v - t \\ W = w \end{cases}$$

$[UVW] \rightarrow [uvtw]$:

$$\begin{cases} u = \dfrac{1}{3}(2U - V) \\ v = \dfrac{1}{3}(2V - U) \\ t = -(u + v) \\ w = W \end{cases}$$

7.FCC的密排面是_____，堆垛次序是_____。HCP的密排面是_____，堆垛次序是_____。[南方科技大学·2023]

【答案】$\{111\}$; $ABCABC$; $\{0001\}$; $ABABAB$。

【解析】考查密排面与堆垛次序。

8. 在立方晶体中，<111> 晶向族中的_____晶向位于 $(2\bar{1}3)$ 晶面上。［哈尔滨工业大学·2011］

【答案】[111]。

【解析】考查晶向。在立方晶体中，<111> 晶向族中的 [111] 晶向位于 $(2\bar{1}3)$ 晶面上。

9. 若把金属原子看作钢球，其原子半径 R 与体心立方结构的点阵常数 a 的关系为_____。［哈尔滨工业大学·2011］

【答案】$R = \dfrac{\sqrt{3}}{4}a$。

【解析】考查晶体结构。若把金属原子看作钢球，其原子半径 R 与体心立方结构的点阵常数的关系为

$$R = \frac{\sqrt{3}}{2}a \times \frac{1}{2} = \frac{\sqrt{3}}{4}a$$

10. 铝为面心立方晶体，其晶体的致密度为_____，原子的配位数为_____，(111) 晶面的面密度为_____。若晶格常数为 a，则铝原子的半径为_____。［国防科技大学·2017］

【答案】0.74；12；0.91；$\dfrac{\sqrt{2}}{4}a$。

11. FCC 单位晶胞内的四面体间隙个数为_____，八面体间隙个数为_____；BCC 单位晶胞内的四面体间隙个数为_____，八面体间隙个数为_____。［大连理工大学·2018］

【答案】8；4；12；6。

12. 一个面心立方晶胞中共有_____个原子，其致密度为_____，配位数为_____，其八面体间隙比四面体间隙_____。［南京航空航天大学·2004］

【答案】4；0.74；12；大。

13. 面心立方晶体的最密排面是_____，最密排方向是_____；体心立方晶体的最密排面是_____，最密排方向是_____；密排六方晶体的最密排面是_____，最密排方向是_____。［西南交通大学·2007］

【答案】{111}；<110>；{110}；<111>；{0001}；$<11\bar{2}0>$。

14. 纯铁从室温加热到 1 000 ℃，会发生从_____的_____向面心立方的_____的转变。假设转变前后铁原子的半径不发生变化，则产生的体积变化为_____。［国防科技大学·2017］

【答案】体心结构；α-Fe；γ-Fe；8.9%。

15.若面心立方晶格的晶格常数为 a ，则最大的晶面间距为_____，所对应的晶面为_____。[国防科技大学·2014]

【答案】$\frac{\sqrt{3}}{3}a$ ；{111}。

【解析】考查晶体结构。

16.面心立方晶体的最密排面是_____，最密排方向是_____，原子个数是_____，原子半径是_____，配位数是_____，致密度是_____，四面体间隙个数是_____，八面体间隙个数是_____。

【答案】{111}；<110>；4；$\frac{\sqrt{2}}{4}a$ ；12；0.74；8；4。

17.铜基固溶体的极限电子浓度为1.36。Cu–Zn组成的固溶体中最多可溶入_____的 Zn；Cu–Sn组成的固溶体中最多可溶入_____的 Sn。[国防科技大学·2014]

【答案】36%；12%。

【解析】考查电子浓度公式。

电子浓度指合金相中各组元价电子总数与原子总数之比，即 $\frac{e}{a} = \frac{A(100-x)+Bx}{100}$ ，式中，A 为溶剂价电子数目，B 为溶质价电子数目，x 为摩尔分数。

18.影响固溶体溶解度的主要因素有_____、_____、_____、_____。[国防科技大学·2016]

【答案】晶体结构、原子尺寸、电负性、原子价(电子浓度)。

【解析】考查影响固溶体溶解度的因素。

19.按照溶质原子在晶格中的位置，固溶体可分为_____和_____，按照固溶度大小，可分为_____和_____。[武汉大学·2018]

【答案】间隙固溶体、置换固溶体；有限固溶体、无限固溶体。

【解析】考查固溶体。

20.形成无限固溶体的必要条件是_____。[哈尔滨工业大学·2011]

【答案】两组元的晶体结构类型相同。

21.组成晶体结构的最小体积单元是_____。[北京工业大学·2025]

【答案】晶胞。

22.萤石的化学式是_____，它的晶体结构是阳离子构成_____格子，阴离子填入全部_____空隙中，这样的空隙共_____个。[北京工业大学·2025]

【答案】CaF_2；面心立方；四面体；8。

三、选择题

1.下列属于面心立方晶体中的三次对称轴的晶向是（　　）。[东南大学·2014]

　A.[100]　　　　　　　　B.[110]　　　　　　　　C.[111]　　　　　　　　D.[211]

【答案】C

2.下列晶体结构中,不属于14种布拉维空间点阵的是（　　）。[东南大学·2008]

　A.简单立方　　　　　B.面心立方　　　　　C.体心立方　　　　　D.密排六方

【答案】D

【解析】考查布拉维点阵。布拉维点阵只有14种,而且它们全部包含在7种点群内,被称作7种晶体系统,或晶系。7种晶系包括:

①立方晶系,正方体。包含简单立方、体心立方、面心立方。

②四方晶系,正四棱柱。包含简单四方、体心四方。由于底面对称性,体心四方与面心四方没有区别。

③正交晶系,长方体。包含简单正交、体心正交、面心正交、底心正交。

④单斜晶系,直四棱柱。包含简单单斜、底心单斜。

⑤三斜晶系,平行六面体。

⑥菱方晶系,菱面体。

⑦六方晶系,正六棱柱。

3.准晶体特有的对称轴次为（　　）。[中国科学技术大学·2021]

　A. 1　　　　　　　　B. 3　　　　　　　　C. 5　　　　　　　　D. 7

【答案】C

4.晶体中的旋转对称轴的轴次只能是（　　）。[中国科学技术大学·2013]

　A. 1, 2, 3, 4, 5, 6　　　B. 1, 2, 3, 4, 6　　　C. 2, 3, 4, 6, 10

【答案】B

5.晶体中不存在的对称轴是（　　）次对称轴。[中国科学技术大学·2020]

　A. 1　　　　　　　　B. 3　　　　　　　　C. 4　　　　　　　　D. 5

【答案】D

【解析】晶体只存在1, 2, 3, 4, 6次对称轴,不存在5次对称轴。

6.引入晶面指数的目的为（　　）。[东南大学·2019]

　A.描述晶面上原子结构　　　　　　　　B.描述晶面取向

　C.描述晶面间距　　　　　　　　　　　D.描述晶面、晶向之间的位向关系

【答案】B

7.不属于面心立方点阵的晶体结构是（　　）。[国防科技大学·2017]

　A. NaCl结构　　　　　B.金刚石结构　　　　　C.立方ZnS结构　　　　　D. CsCl结构

【答案】D

8.晶胞选取时,应该首先满足(　　)条件。[国防科技大学·2016]

　　A.体积最小

　　B.反映晶体的对称性最高

　　C.晶胞内的直角最多

【答案】B

9.(多选)不属于14种布拉维点阵的是(　　)。[国防科技大学·2016]

　　A.体心正方　　　　　B.面心正方　　　　　　C.简单正方　　　　　D.范德瓦尔斯力

【答案】BD

【解析】面心正方可以连出体心正方,D选项属于干扰选项。

10.在晶体的宏观对称要素中,对称面的对称操作是(　　)。[武汉大学·2018]

　　A.旋转　　　　　　B.反伸　　　　　　C.反映　　　　　　D.旋转+反映

【答案】C

11.$a=b=c$ 的空间点阵不属于(　　)晶系。[哈尔滨工业大学·2013]

　　A.立方　　　　　　B.菱方　　　　　　C.四方

【答案】C

12.两晶体的空间点阵相同,则它们(　　)。[东南大学·2017]

　　A.具有的晶体结构相同　　　　　　　　B.具有的对称性相同

　　C.具有的周期性规律相同　　　　　　　D.所属的空间群相同

【答案】C

【解析】比如萤石和金刚石都是FCC点阵,但二者晶体结构不同,空间群不同,对称性不同。

13.空间点阵是用来描述晶体结构的周期性的,因此(　　)。[东南大学·2007]

　　A.自然界存在的晶体结构的种类和空间点阵的数量相同

　　B.任何一个晶体的晶体结构和空间点阵完全等同

　　C.表示晶体结构周期性的空间点阵的数量少于自然界晶体结构的种类

　　D.表示晶体结构周期性的空间点阵的数量多于自然界晶体结构的种类

【答案】C

14.下列对称操作不属于宏观对称的是(　　)。[东南大学·2013]

　　A.镜面对称　　　　　B.旋转反演　　　　　　C.滑移面　　　　　D.中心对称

【答案】C

【解析】考查对称性。滑移属于微观层面。

15.下面晶向属于面心立方晶体中的三次对称轴的是(　　)。[东南大学·2011]

A.[100]   B.[110]   C.[111]   D.[211]

【答案】C

16.立方晶系中, {111} 晶面族包含(　　　　)个等同晶面。[东南大学·2013]

A. 2   B. 4   C. 6   D. 8

【答案】D

17.若某一晶体中若干晶面同属于某一晶带, 则(　　　　)。[东南大学·2012]

A.这些晶面必定是同族晶面   B.这些晶面必定相互平行

C.这些晶面上原子排列相同   D.这些晶面之间的交线相互平行

【答案】D

【解析】考查晶带的定义。

18.下列立方晶体的晶面中, (　　　　)与(123),(213)属同一晶带。[东南大学·2011]

A.(313)   B.(011)   C.(312)   D.(231)

【答案】B

【解析】考查晶带定律。

19.关于晶体中间隙原子的说法, 正确的是(　　　　)。[东南大学·2008]

A.晶体中间隙尺寸明显小于原子尺寸, 所以平衡时晶体中不应该存在间隙原子

B.间隙原子总是与空位成对出现

C.间隙原子形成能较空位形成能大得多

D.只有杂质原子才可能成为间隙原子

【答案】C

20.密排六方和面心立方均属于密排结构, 它们的不同点是(　　　　)。[东南大学·2015]

A.原子密排面的堆垛方式不同   B.原子配位数不同

C.晶胞选取原则不同   D.密排面上的原子排列方式不同

【答案】A

【解析】考查晶体结构。原子堆垛方式不一样, FCC是$ABCABC$排列, HCP是$ABABAB$排列。

21.六方晶系中, 和$(1\bar{2}12)$晶面等同的晶面(同族晶面)是(　　　　)。[东南大学·2006]

A.$(\bar{1}212)$ B.$(12\bar{1}2)$ C.$(12\bar{1}1)$ D.$(2\bar{1}12)$

【答案】D

22.在面心立方晶体结构中, 晶胞原子数是(　　　　)。[西南交通大学·2014]

A. 2   B. 4   C. 6   D. 8

【答案】B

23.一个晶胞为面心立方紧密堆积, M为相对原子质量, a为晶胞常数, N_A为阿伏伽德罗常数, 则晶体的密度为(　　　　)。[中国科学技术大学·2021]

A. $M/(N_A a^3)$　　　B. $2M/(N_A a^3)$　　　C. $3M/(N_A a^3)$　　　D. $4M/(N_A a^3)$

【答案】D

24.氧化锌属于(　　)晶系。[武汉大学·2018]

A.正交　　　　B.六方　　　　C.立方　　　　D.单斜

【答案】B

25.下列晶体结构中,堆积因数最高的是(　　)。[南方科技大学·2023]

A.体心四方　　　B.面心立方　　　C.体心立方　　　D.简单立方

【答案】B

26.下列属于间隙固溶体的是(　　)。[南方科技大学·2023]

A. Cu-Fe　　　B. Fe-Ni　　　C. Cu-Ag　　　D. Fe-C

【答案】D

27.下列晶体面间距最大的是(　　)。[南方科技大学·2022]

A.(001)　　　B.(111)　　　C.(101)　　　D.(011)

【答案】A

28.(多选)以下晶体结构中,最密堆积晶体结构是(　　)。[南方科技大学·2021]

A.SC　　　B. BCC　　　C. FCC　　　D. HCP

【答案】CD

【解析】SC, BCC, FCC, HCP四者致密度分别为52%, 68%, 74%, 74%。

29.立方晶体中, 同属于$[1\bar{1}1]$晶带的晶面是(　　)。[哈尔滨工业大学·2022]

A.(111)　　　B.(110)　　　C.(211)　　　D.(112)

【答案】B

【解析】考查晶带定律。(110)晶带轴$[uvw]$与该晶带的晶面(hkl)之间存在$hu+kv+lw=0$。

30.与(211)和(112)属于同一晶面带的是(　　)。[哈尔滨工业大学·2021]

A.$(10\bar{1})$　　　B.$(1\bar{1}1)$　　　C.$(\bar{3}11)$　　　D.$(2\bar{5}1)$

【答案】A

【解析】考查晶带定律。代入行列式, 值为零, 则属于同一晶面带。

31.纯钛从高温冷却到993 ℃时, 由体心立方晶格转变为密排六方晶格,若原子半径增加了2%,则该同素异构转变时, 体积变化为(　　)。[哈尔滨工业大学·2020]

A.收缩2.52%　　　　　　　　B.收缩1.27%

C.膨胀2.52%　　　　　　　　D.膨胀1.27%

【答案】A

【解析】考查晶格类型。密排六方晶格的致密度和面心立方晶格的一样, 直接用面心立方晶格代入钢球模型:

$$\frac{(2\sqrt{2}r \times 1.02)^3 - 2 \times \left(\frac{4}{\sqrt{3}}r\right)^3}{2 \times \left(\frac{4}{\sqrt{3}}r\right)^3} \times 100\% = -2.52\%$$

32.密排六方点阵的致密度与( )的相同。[哈尔滨工业大学·2013]

A.体心立方点阵   B.面心立方点阵   C.简单立方点阵

【答案】B

33.面心立方结构(111)面的堆垛顺序为( )时,形成抽出型层错。[哈尔滨工业大学·2013]

A.$ABCBABCA$ B.$ABCBABCAB$ C.$ABCACBACB$

【答案】A

34.(多选)属于$[\bar{1}12]$晶带的晶向有( )。[哈尔滨工业大学·2006]

A.$[311]$ B.$<110>$ C.$[24\bar{1}]$ D.$[110]$

E.$[13\bar{1}]$ F.$[\bar{1}\bar{1}0]$ G.$[1\bar{1}1]$ H.$[11\bar{1}]$

【答案】ACDEFG

35.六方晶系中, [210]晶向对应的四轴坐标应为( )。[哈尔滨工业大学·2019]

A.$[10\bar{1}0]$ B.$[1010]$ C.$[20\bar{1}0]$ D.$[\bar{1}020]$

【答案】A

【解析】考查晶相由三轴变为四轴。$u = \frac{2}{3} \times 2 - \frac{1}{3} \times 1 = 1$, $v = \frac{2}{3} \times 1 - \frac{1}{3} \times 2 = 0$, $t = -(u+v) = -1$, $w = 0$, 所以晶向为$[10\bar{1}0]$。

36.(多选)合金元素溶入铁素体中可能产生的变化是( )。[哈尔滨工业大学·2018]

A.晶格畸变   B.固溶强化

C.强度降低   D.强度升高, 塑性降低

【答案】ABD

【解析】考查固溶体。

37.(多选) 以下对置换固溶体溶解度影响因素的描述中, 正确的有( )。[哈尔滨工业大学· 2013]

A.电负性差越小, 溶解度越大   B.电子浓度越小, 溶解度越大

C.原子尺寸差越小, 溶解度越大   D.晶体结构越相似, 溶解度越大

【答案】ABCD

【解析】考查固溶体影响因素。

38.晶面(011)和(111)所在的晶带,其晶带轴的指数为(　　)。[哈尔滨工业大学·2012]

　　A.[x10]　　　　　　B.[1x0]　　　　　　C.[01x]　　　　　　D.[x01]

【答案】C

【解析】考查晶带定律。晶带轴和晶面内积为零。

39.(多选)晶格常数为a的奥氏体,其八面体间隙(　　)。[哈尔滨工业大学·2010]

　　A.不对称　　　　　　　　　　　　　B.间隙半径≈0.146a

　　C.位于体心和棱边中心　　　　　　　D.由6个原子组成

【答案】BCD

【解析】考查晶格间隙。奥氏体为面心立方,八面体间隙对称,位于体心和棱边中心,由6个原子组成,间隙半径约为0.146a。

40.(多选)Cu与Zn可能形成(　　)。[哈尔滨工业大学·2006]

　　A.置换固溶体　　　　B.无序固溶体　　　　C.有限固溶体　　　　D.电子化合物

　　E.无限固溶体　　　　F.有序固溶体　　　　G.正常价化合物　　　　H.超点阵

【答案】ABCDFH

41.α-Fe到γ-Fe结构变化为(　　)。[东南大学·2021]

　　A.原子半径减小　　　B.材料体积减小　　　C.配位数减小　　　D.密度减小

【答案】B

【解析】考查晶体结构。α-Fe是体心立方结构,γ-Fe是面心立方结构,体心立方和面心立方原子密度的不同导致同素异构转变后材料体积减小。

42.立方晶系中,与(101)和(111)属同一晶带的晶面为(　　)。[东南大学·2021]

　　A.(110)　　　　　　B.(011)　　　　　　C.($\bar{1}$10)　　　　　　D.(010)

【答案】D

【解析】考查晶带定律。通过晶带公式计算可得(101)和(111)与(010)同属一个晶带。

43.简单立方晶系面间距最大的晶面为(　　)。[东南大学·2021]

　　A.(100)　　　　　　B.(110)　　　　　　C.(111)　　　　　　D.(121)

【答案】A

【解析】考查晶体结构。密排面的晶面间距最大。

44.(多选)体心立方晶体的四面体间隙(　　)。[哈尔滨工业大学·2009]

　　A.对称　　　　　　B.不对称　　　　　　C.半径为$\dfrac{\sqrt{5}-\sqrt{3}}{4}a$　　　D.由四个原子组成

【答案】BCD

【解析】考查晶格间隙。体心立方的四面体间隙不对称,由四个原子组成,半径为$\dfrac{\sqrt{5}-\sqrt{3}}{4}a$。

45.以下合金元素中, 在 Cu 中固溶度最高的元素为(　　　)。[国防科技大学·2018]

A. Ni　　　　　　　B. Au　　　　　　　C. Zn　　　　　　　D. Sn

【答案】A

46.下列立方晶体的晶面中, 与(201)和(231)晶面属同一晶带的是(　　　)。[东南大学·2014]

A.(313)　　　　　　B.(010)　　　　　　C.(312)　　　　　　D.(011)

【答案】B

【解析】考查晶带定律。代入晶带定律式, 计算出来得(010)。

47.对于 A, B 两种原子形成的固溶体, 下列说法正确的是(　　　)。[东南大学·2013]

A.形成间隙固溶体时, 仅有间隙原子发生扩散

B.形成间隙固溶体时, 不会发生空位扩散

C.形成置换固溶体时, A, B 两种原子都会发生扩散

D.形成置换固溶体时, 不会发生空位扩散

【答案】C

【解析】考查扩散机制。扩散有两种机制: 空位扩散机制和间隙扩散机制, 都存在空位和 A, B 原子的扩散。

48.以下化合物中属于电子化合物的为(　　　)。[国防科技大学·2018]

A. $MgSi_2$　　　　　B. $CuZn_3$　　　　　C. Fe_3C　　　　　D. WC

【答案】B

【解析】$MgSi_2$ 属于正常价化合物, Fe_3C 属于间隙化合物, WC 属于间隙相。

49.Cu 与 Zn 不会形成(　　　)。[哈尔滨工业大学·2021]

A.间隙固溶体　　　B.有序固溶体　　　C.电子化合物　　　D.拓扑密堆相

【答案】A

【解析】考查各种物质的组成部分。

间隙固溶体: 溶质原子通常是原子半径小于 0.1 nm 的非金属元素, 故不会形成。

有序固溶体: 无明确要求, CuZn(β 黄铜)超点阵, 故会形成。

电子化合物: 由 IB 族过渡族金属元素和 IIB, IIIA, IVA 族金属元素形成(Cu 为 IB 族, Zn 为 IIB 族), 故会形成。

拓扑密堆相: 两种大小不同的金属原子, 故会形成。

50.电子化合物的晶体结构主要取决于(　　　)。[哈尔滨工业大学·2022]

A.电子浓度　　　　B.原子尺寸　　　　C.电负性　　　　　D.原子间相互作用

【答案】A

【解析】考查电子化合物。电子化合物不遵循原子价规律, 而是按照一定电子浓度的比值形成

的化合物, 电子浓度不同, 所形成的化合物的晶体结构也不同。

51.铜基固溶体的极限电子浓度为1.36, 则Cu-Zn合金中最多可溶入的Zn的原子分数为(　　　)。

[国防科技大学·2016]

A. 36%　　　　　　　　B. 18%　　　　　　　　C. 12%

【答案】A

52.间隙相和间隙固溶体的区别之一是(　　　)。[东南大学·2010]

A.间隙相结构比间隙固溶体结构简单

B.间隙相的间隙原子比间隙固溶体中的间隙原子大

C.间隙固溶体中间隙原子含量比间隙相的大

【答案】A

53.拓扑密排与几何密排相比, (　　　)。[东南大学·2009]

A.几何密排的配位数高, 致密度小

B.拓扑密排的配位数高, 致密度小

C.拓扑密排的配位数高, 致密度大

D.几何密排的配位数高, 致密度大

【答案】C

54.固态时, 下列晶体中属于非离子晶体的是(　　　)。[中国科学技术大学·2021]

A. $AlCl_3$　　　　　　　B. $PdCl_2$　　　　　　　C. Na_2SO_4　　　　　　D. Cs_2CO_3

【答案】A

55.固态时, 属于典型离子晶体的是(　　　)。[中国科学技术大学·2020]

A. $AlCl_3$　　　　　　　B. SiO_2　　　　　　　C. $NaCl$　　　　　　　D. CCl_4

【答案】C

【解析】考查离子晶体。$AlCl_3$属于共价晶体。

56.离子晶体的配位数是指(　　　)。[东南大学·2011]

A.最近邻的异号离子数　　　　　　　　B.最近邻的同号离子数

C.最近邻离子数　　　　　　　　　　　D.与周围离子的成键总数

【答案】A

【解析】考查配位数的定义。

57.根据鲍林第一规则, 在离子晶体中, 正负离子间的平衡距离取决于(　　　)。[上海科技大学·

2023]

A.离子半径之差　　　　B.离子半径之和　　　　C.离子半径之比

【答案】B

【解析】考查鲍林规则。鲍林规则有五条, 具体如下。

①配位多面体规则: 在离子晶体中, 正离子周围形成一个负离子多面体, 正、负离子之间的距离取决于离子半径之和, 正离子的配位数取决于离子半径之比。

②电价规则: 在一个稳定的离子晶体结构中, 每一个负离子电荷数等于或近似等于相邻正离子分配给这个负离子的静电键强度的总和, 其偏差 ≤ 1/4 价。静电键强度 S= 正离子数 Z_+/正离子配位数 n, 则负离子电荷数 $Z_- = \sum S_i = \sum (Z_+ / n)_i$。

③多面体共顶、共棱、共面规则: 在一个配位结构中, 共用棱, 特别是共用面的存在会降低这个结构的稳定性。其中高电价、低配位的正离子的这种效应更为明显。

④不同配位多面体连接规则: 若晶体结构中含有一种以上的正离子, 则高电价、低配位的多面体之间有尽可能彼此互不连接的趋势。

⑤节约规则: 在同一晶体中, 组成不同的结构基元的数目趋向于最少。

58.(多选)与非晶体相比, 晶体具有( )。[哈尔滨工业大学·2020]

　　A.各向同性　　　　　B.各向异性　　　　　C.原子排列长程有序　　D.高电阻率

【答案】BC

【解析】考查晶体特性。

59.立方结构不会出现的对称轴为( )。[东南大学·2021]

　　A.2次轴　　　　　B.3次轴　　　　　C.4次轴　　　　　D.6次轴

【答案】D

60.准晶的对称轴是( )。[北京大学·2025]

　　A.2次轴　　　　　B.3次轴　　　　　C.4次轴　　　　　D.5次轴

【答案】D

61.钙钛矿 $CaTiO_3$ 是( )点阵。[北京大学·2025]

　　A.简单立方　　　　B.面心立方　　　　C.密排六方　　　　D.简单四方

【答案】A

62.[112]和[113]晶向所在的晶面是( )。[上海交通大学·2025]

　　A.$(1\bar{1}0)$　　　　B.$(\bar{1}12)$　　　　C.(111)　　　　D.(112)

【答案】A

【解析】考查叉积计算:

$$\begin{vmatrix} i & j & k \\ 1 & 1 & 2 \\ 1 & 1 & 3 \end{vmatrix} = i - j + 0k$$

63.离子晶体正负离子半径之比为 0.993, 则晶体阳离子配位数是( )。[上海交通大学·2025]

　　A.2　　　　　B.4　　　　　C.6　　　　　D.8

【答案】D

【解析】掌握如表所示内容。

r^+/r^- 值	阳离子的配位数（Z）
0.000 ~0.155	2
0.155 ~0.225	3
0.225 ~0.414	4
0.414 ~0.732	6
0.732 ~1.000	8
1	12

64.立方晶体含有 [$1\bar{2}1$] 的晶面是(　　)。[上海交通大学·2024]

　A.(111)　　　　　B.(001)　　　　　C.(110)　　　　　D.(123)

【答案】A

【解析】点乘等于0即可。

65.面心立方晶体结构的(111)面的面配位数是(　　)。[上海交通大学·2024]

　A.4　　　　　　B.6　　　　　　C.8　　　　　　D.12

【答案】B

【解析】如图所示, 面配位数为6。

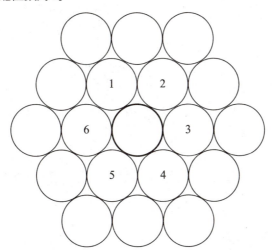

66.具有同一晶带轴的晶面的关系为(　　)。[上海交通大学·2024]

　A.平行　　　　　B.垂直　　　　　C.相交的直线平行　　　D.不确定

【答案】C

【解析】如图所示。

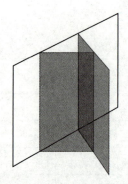

67.一个体心立方晶胞八面体间隙个数为( )。[上海交通大学·2024]

A.4　　　　　　　　B.6　　　　　　　　C.8　　　　　　　　D.3

【答案】B

【解析】如图所示,体心立方晶胞八面体间隙个数为$6×1/2+12×1/4=6$。

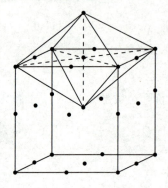

第三章　晶体缺陷

一、判断题

1. 在晶体中形成空位的同时又产生间隙原子,这样的缺陷称为弗仑克尔缺陷。(　　)[国防科技大学·2013]

2. 同一个位错环上各点位错类型相同。(　　)[国防科技大学·2013]

3. 热缺陷是温度高于绝对零度时,由于晶体组成上的不纯净性所产生的一种缺陷。(　　)[武汉理工大学·2004]

4. 晶体中空位的存在不会影响晶体的内能。(　　)[北京工业大学·2014]

5. 晶体中的热缺陷浓度也与掺杂离子的浓度有关。(　　)[南京工业大学·2017]

6. 晶体缺陷导致材料性能下降,因此合成晶体材料时,应尽量避免或减少缺陷的产生。(　　)[中国科学技术大学·2018]

7. 色心是一种点缺陷。(　　)[武汉理工大学·2014]

8. 肖克利不全位错可同时进行滑移和攀移。(　　)[大连理工大学·2020]

9. 在切应力作用下,直径大的位错环比直径小的位错环容易运动。(　　)[大连理工大学·2003]

10. 螺型位错遇到障碍将攀移。(　　)[大连理工大学·2021]

11. 位错滑移阻力要比其攀移阻力大。(　　)[哈尔滨工业大学·2008]

12. 晶体中空位的平衡浓度一般比间隙原子的大。(　　)[哈尔滨工业大学·2017]

13. 位错的攀移比滑移容易。(　　)[北京工业大学·2014]

14. 肖克利不全位错既能滑移,也能攀移。(　　)[哈尔滨工业大学·2018]

15. 一对位错线相互垂直,伯氏矢量相互平行的刃型位错相互运动进行交割,会在各自的位错线上产生割阶。(　　)[哈尔滨工业大学·2019]

16. 作用在位错线上的滑移力的方向与位错的性质无关。(　　)[哈尔滨工业大学·2017]

17. 有2根右螺型位错线,各自的能量都为E,当它们无限靠近时,总能量为$2E$。(　　)[哈尔滨工业大学·2015]

18. 肖克利位错和弗兰克位错都是不全位错,性质相同。(　　)[国防科技大学·2004]

19. 由于堆垛层错不会在晶体内产生点阵畸变,因此不增加晶体的能量。(　　)[大连理工大学·2023]

20. 两条相互平行的刃型和螺型位错线,刃型位错会在螺型位错产生的弹性应力场中运动。(　　)[大连理工大学·2023]

21. 相界能由弹性应变能和化学交互作用能组成。(　　)[大连理工大学·2022]

22. 刃型位错可以是位错环,而螺型位错只能是直线。(　　)[西南交通大学·2011]

23. 对于刃型位错, 位错线垂直于伯氏矢量; 对于螺型位错, 位错线平行于伯氏矢量。(　　　)[厦门大学·2021]

24. 点缺陷、线缺陷和面缺陷都是热力学不稳定的缺陷。(　　　)[四川大学·2015]

25. 一条位错线只有一个伯氏矢量, 若位错线形状发生变化, 则伯氏矢量发生变化。(　　　)[清华大学·2022]

26. 一根位错线不能在晶体内部中断, 也不能在晶体表面中断, 只能在晶体内部自成封闭的位错环或者和其他位错线相连接。(　　　)[太原理工大学·2022]

27. 纯刃型位错线的滑移方向与其伯氏矢量方向平行。(　　　)[北京理工大学·2022]

28. 位错的基本运动方式包括滑移和攀移, 刃型位错只有滑移运动, 而螺型位错两种运动都可以发生。在常温或低温条件下, 位错的滑移运动非常困难, 需要原子的扩散才能完成, 故升高温度可以促进这种运动。(　　　)[上海理工大学·2019]

29. 层错能越大, 扩展位错的宽度越大。(　　　)[中国矿业大学(徐州)·2023]

30. 小角度晶界都是由刃型位错排成墙而构成。(　　　)[哈尔滨工业大学·2015]

31. 晶体中的晶界属于面缺陷。(　　　)[中山大学·2019]

32. 两个位错交割产生的割阶可能是刃型位错, 也可能是螺型位错。(　　　)[北京工业大学·2019]

33. 一根位错线扫过整个滑移面时, 晶体在滑移方向上的宏观变形量小于位错的伯氏矢量大小。(　　　)[清华大学·2025]

34. 位错运动的方向, 一定与晶体所受外力方向平行。(　　　)[清华大学·2025]

35. FCC晶体中, 肖克利不全位错, 可在(111)面内滑移, 其伯氏矢量长度小于FCC晶体的最近邻原子间距。(　　　)[清华大学·2025]

36. 晶界偏聚的溶质浓度随温度的上升而升高。(　　　)[清华大学·2025]

二、填空题

1. 如果形成等量的_____和_____, 这种缺陷称为_____。[武汉大学·2020]

2. 影响点缺陷的平衡浓度的主要因素是_____和_____。[哈尔滨工业大学·2016]

3. 形成弗仑克尔缺陷时, 其特征是_____和_____成对出现。[武汉理工大学·2008]

4. 点缺陷的存在破坏了原子的平衡状态, 使得合金晶格产生_____, 合金强度_____。[大连理工大学·2013]

5. 弗仑克尔缺陷是_____和_____。[中国科学技术大学·2019]

6. 产生过饱和点缺陷的方法有_____、_____、_____。[天津理工大学·2023]

7. 离开平衡位置的原子挤入点阵的间隙位置, 使晶体中同时形成相等数目的空位和间隙原子, 这种缺陷称为_____。[四川大学·2017]

8. 点缺陷的平衡浓度随_____的升高而增大。[暨南大学·2023]

9. 伯氏矢量等于点阵矢量的是_____，伯氏矢量等于点阵矢量或其整数倍的是_____。[北京工业大学·2022]

10. 简单立方晶体，FCC，BCC，HCP晶体中，单位位错的伯氏矢量依次是_____、_____、_____、_____。[郑州大学·2022]

11. 刃型位错线与伯氏矢量_____，螺型位错线与伯氏矢量_____。[南方科技大学·2023]

12. 刃型、螺型位错线切应力与伯氏矢量分别_____、_____。[南方科技大学·2023]

13. 刃型位错的 *b* 与位错线方向_____，螺型位错的 *b* 与位错线方向_____。[大连理工大学·2018]

14. 对于刃型位错线，其伯氏矢量_____于位错线，其滑移运动方向_____于伯氏矢量，其攀移运动方向_____于伯氏矢量；对于螺型位错线，其伯氏矢量_____于位错线，其滑移运动方向_____于伯氏矢量，其交滑移运动方向_____于伯氏矢量。[西南交通大学·2007]

15. 伯氏矢量方向表示的是_____，伯氏矢量大小表示的是_____。[天津大学·2022]

16. 刃型位错的割阶是_____位错，而扭折是_____位错。而螺型位错的割阶和扭折都是_____位错。[中国海洋大学·2022]

17. 位错密度是指_____，其数学表达式是_____。[天津大学·2003]

18. 刃型位错滑移面有_____个，螺型位错滑移面有_____个。[华中科技大学·2021]

19. 小角度晶界是相邻两晶粒的位相差_____的晶界，它可分为_____和扭转晶界两种基本类型，前者是由_____位错构成的，后者是由螺型位错构成的。[武汉理工大学·2009]

20. 界面错配大小与晶粒之间的转动角度有关。比如晶粒之间角度_____时，晶界是小角度晶界。[大连理工大学·2018]

21. 小角度晶界由_____位错构成，其中对称倾斜晶界由_____构成，扭转晶界由_____构成。[西安交通大学·2013]

三、选择题

1. 离开平衡位置的原子迁移到晶体表面，在晶体内部形成(　　)。[哈尔滨工业大学·2013]

　　A. 间隙原子　　　　　　B. 肖特基缺陷　　　　　C. 弗仑克尔缺陷

2. 平衡状态中不存在的缺陷应该是(　　)。[东南大学·2021]

　　A. 位错、杂质原子　　　　　　　　　B. 位错、间隙原子

　　C. 位错、晶界　　　　　　　　　　　D. 晶界、点缺陷

3. 离子晶体中，如果一个正离子跳到离子晶体的间隙位置，在正常的正离子位置出现一个正离子空位，这种空位-间隙离子对的形式是(　　)。[上海科技大学·2021]

　　A. 杂质原子缺陷　　　B. 肖特基缺陷　　　　　C. 弗仑克尔缺陷

4.(   )是由于晶格热运动而产生的缺陷。[南京工业大学·2019]

  A.杂质缺陷   B.弗仑克尔缺陷

  C.置换型缺陷   D.非化学计量缺陷

5.在理想的热力学平衡态下,(   )是不应存在的。[四川大学·2009]

  A.空位、晶界   B.位错、晶界

  C.空位、位错   D.空位、位错、晶界

6.弗仑克尔缺陷是(   )。[浙江大学·2007]

  A.原子移到表面新的位置,原来位置则形成空位

  B.原子离开平衡位置后,形成间隙原子,而原来位置上形成空位,成对产生

  C.正负离子的二元体系,原子移到表面新的位置,原来位置空位成对出现

7.刃型位错在沿伯氏矢量方向受到压应力作用时进行的运动是(   )。[中国矿业大学·2023]

  A.正攀移   B.负攀移   C.交滑移

8.位错线上的割阶一般通过(   )形成。[太原理工大学·2022]

  A.位错的交割   B.交滑移   C.孪生

9.下列属于热力学平衡缺陷的是(   )。[北京理工大学·2022]

  A.位错   B.层错   C.间隙原子

10.位错增殖的方式包括(   )。[天津大学·2019]

  A.弗兰克–里德位错源机制和双交滑移机制   B.层错机制和爬行机制

  C.塑性变形机制和相变机制   D.微裂纹机制和位错交织机制

11.只有刃型位错能够进行攀移运动,这是因为(   )。[中国海洋大学·2018]

  A.刃型位错的伯氏矢量平行于位错线   B.刃型位错存在多余半原子面

  C.刃型位错可以是曲线形状   D.刃型位错的滑移面不唯一

12.位错增殖机制有(   )、双交滑移和攀移。[华中科技大学·2012]

  A.弗兰克–里德位错源

  B.位错的扩展

  C.割阶和扭折

13.刃型位错不能进行的是(   )。[深圳大学·2011]

  A.攀移   B.滑移   C.双交滑移

14.刃型位错在沿伯氏矢量方向受到压应力作用时进行的运动是(   )。[中国矿业大学(徐州)·2023]

  A.正攀移   B.负攀移   C.交滑移

15.位错的基本运动方式包括滑移和攀移,刃型位错两种运动都可发生,而螺型位错只能做(   )运动。在常温或低温条件下,位错的(   )运动非常困难,需要原子的扩散才能完成,故升高

温度可以(　　)这种运动。[上海理工大学·2018]

A.滑移;滑移;减弱　　　　　　　　B.滑移;攀移;减弱

C.滑移;攀移;加速　　　　　　　　D.攀移;攀移;减弱

16.只有刃型位错可以攀移的原因是(　　)。[长安大学·2022]

A.刃型位错的位错线是曲线

B.刃型位错的位错线与伯氏矢量垂直

C.刃型位错有多余半排原子面

17.下列关于刃型位错的说法正确的是(　　)。[苏州大学·2022]

A.刃型位错位错线与晶体滑移方向垂直,且有多个滑移面

B.刃型位错位错线与晶体滑移方向平行,且有多个滑移面

C.刃型位错位错线与晶体滑移方向垂直,有且仅有一个滑移面

D.刃型位错位错线与晶体滑移方向平行,有且仅有一个滑移面

18.下列位错可以发生攀移作用的是(　　)。[苏州大学·2020]

A.螺型位错　　　　B.刃型位错　　　　C.混合位错　　　　D.以上均不正确

19.螺型位错和刃型位错的不同在于(　　)。[浙江大学·2007]

A.刃型位错不引起剪切畸变,也不引起体积的膨胀和收缩,螺型位错反之

B.刃型位错引起压缩变形,螺型位错引起体积的膨胀

C.螺型位错只引起剪切畸变,而不引起体积的膨胀和收缩,刃型位错则会导致体积变化

20.位错的存在,总是使晶体的自由能(　　)。[上海理工大学·2019]

A.升高　　　　　　B.降低　　　　　　C.不确定　　　　　D.先升高再降低

21.位错线上的割阶一般通过(　　)形成。[太原理工大学·2023]

A.位错的交割　　　B.交滑移　　　　　C.孪生　　　　　　D.攀移

22.位错滑移应满足(　　)。[浙江大学·2007]

A.有切应力作用在位错滑移面上,且垂直于它的伯氏矢量方向,位错才会运动或者趋于运动

B.有压应力作用在位错滑移面上,且垂直于它的伯氏矢量方向,位错才会运动或者趋于运动

C.有切应力作用在位错滑移面上,且平行于它的伯氏矢量方向,位错才会运动或者趋于运动

23.下列可以描述两平行螺型位错间的相互作用(滑移)的特征的是(　　)。[浙江大学·2007]

A.位错同号相斥,异号相吸,作用大小与位错间距成反比

B.具有相同符号的位错按垂直方向排列起来是稳定的;位错的符号相反,稳定方位随之改变

C.由于相互之间不能提供对方滑移所需的应力场,所以,两位错间作用较小

24.关于下列两个位错反应是否成立的判断,正确的是(　　)。[天津大学·2022]

① $a/2\,[\bar{1}10] \to a/6\,[\bar{2}11] + a/6\,[\bar{1}2\bar{1}]$; ② $a[100] \to a/2[101] + a/2\,[10\bar{1}]$

A.①成立,②不成立　　B.①不成立,②成立　　C.①、②都成立

25. 切应力下发生的位错中, 其位错线的运动方向是( )。[南方科技大学·2022]

    A. 与伯氏矢量方向平行   B. 与伯氏矢量方向垂直

    C. 与位错线方向平行   D. 与位错线方向垂直

26. 刃型位错属于( )。[中山大学·2019]

    A. 点缺陷   B. 线缺陷   C. 面缺陷   D. 体缺陷

27. 关于刃型位错的描述, 错误的是( )。[中山大学·2019]

    A. 周围点阵只发生正应变, 没有切应变   B. 位错线与伯氏矢量垂直

    C. 滑移面唯一   D. 有滑移和攀移

28. (多选)下面说法错误的是( )。[哈尔滨工业大学·2023]

    A. 点缺陷和位错均为热力学稳定的晶体缺陷

    B. 一般的晶体中, 间隙原子的形成能小于空位的形成能

    C. 若一根位错线的正向定义为原来的反向, 位错的性质不会发生改变

    D. 一个位错环, 其各部分的伯氏矢量均不相同

29. 在密排六方晶体中, 单位位错的伯氏矢量为( )。[哈尔滨工业大学·2022]

    A. $a\{11\bar{2}0\}$ B. $a\{10\bar{1}0\}$ C. $1/3a\{11\bar{2}0\}$ D. $1/2a\{11\bar{2}0\}$

30. (多选)能进行攀移的位错可能是( )。[哈尔滨工业大学·2022]

    A. 螺型全位错   B. 刃型全位错

    C. 肖克利不全位错   D. 弗兰克不全位错

31. 刃型位错的伯氏矢量与位错线( ), 螺型位错的伯氏矢量与位错线( )。[东南大学·2021]

    A. 平行; 垂直   B. 垂直; 平行   C. 平行; 平行   D. 垂直; 垂直

32. 能进行交滑移的位错必然是( )。[西南交通大学·2021]

    A. 刃型位错   B. 螺型位错   C. 混合型位错   D. 各种位错均可

33. 下列晶体缺陷中, 属于一维缺陷的是( )。[上海科技大学·2021]

    A. 线缺陷   B. 点缺陷   C. 面缺陷

34. 以下属于刃型位错特征的是( )。[上海科技大学·2022]

    A. 位错线与滑移矢量平行

    B. 位错无额外半原子面

    C. 位错有一个额外的半原子面

35. 位错的伯氏矢量 *b* 等于点阵矢量或其整数倍的位错称为( )。[上海科技大学·2022]

    A. 全位错   B. 不全位错   C. 部分位错

36. 单位长度位错应变能最高的是( )。[上海交通大学·2022]

    A. 刃型位错   B. 螺型位错

C.混合位错　　　　　　　　　　　　　　　D.以上位错不可比较

37.下面关于位错应力场的表述, 正确的是(　　　)。[上海交通大学·2022]

A.刃型位错的应力场中, 正应力分量全为零

B.刃型位错的应力场中, 切应力分量全为零

C.螺型位错的应力场中, 正应力分量全为零

D.螺型位错的应力场中, 切应力分量全为零

38.下列关于位错的说法, 错误的是(　　　)。[中南大学·2022]

A.位错可以中断于晶体表面　　　　　　　B.位错可以相交于位错节点

C.伯氏矢量的选取与回路和起点无关　　　D.位错滑移后, 伯氏矢量发生了改变

39.下列属于热力学平衡缺陷的是(　　　)。[北京理工大学·2022]

A.位错　　　　　　　　B.层错　　　　　　　　C.间隙原子

40.单位长度位错应变能正比于(　　　)。[北京理工大学·2022]

A. b 　　　　　　　　B. Gb 　　　　　　　　C. Gb^2

41.肖克利位错(　　　)。[北京理工大学·2022]

A.是刃型位错　　　　B.是螺型位错　　　　C.可以是刃型位错, 也可以是螺型位错

42.下列关于位错的说法, 错误的是(　　　)。[上海交通大学·2021]

A.一根位错线只有一个伯氏矢量

B.螺型位错的位错线只能是直线

C.位错可以终结于晶体表面、晶界以及晶粒内部

D.整个位错划过晶体会产生一个 b 的位移

43.能进行攀移运动的位错必然是(　　　)。[河北工业大学·2021]

A.扩展位错　　　　　　　　　　　　　　B.螺型位错

C.混合型位错　　　　　　　　　　　　　D.刃型位错

44.两个伯氏矢量同向的平行螺型位错靠近时, 它们的相互作用为(　　　)。[河北工业大学·2013]

A.攀移　　　　　　　B.排斥　　　　　　　C.滑移　　　　　　　D.吸引

45.晶格常数为 a 的简单立方晶体中, 单位位错的伯氏矢量是(　　　)。[上海科技大学·2022]

A. $a<110>$ 　　　　　　B. $a<100>$ 　　　　　　C. $a<111>$

46.以下关于位错能量的说法, 错误的是(　　　)。[上海科技大学·2022]

A.位错周围点阵畸变引起弹性引力场, 导致晶体能量增加

B.发生位错反应后, 各位错的总能量应大于反应前各位错的总能量

C.发生位错反应后, 各位错的总能量应不大于反应前各位错的总能量

47.根据多晶体内部相邻晶粒之间位向差的角度大小, 可以将晶界分类。相邻晶粒位向差大于10°
的晶界属于(　　　)。[上海科技大学·2022]

A.小角度晶界　　　　　　B.亚晶界　　　　　　　　C.大角度晶界

48.对简单立方晶体而言,表面能最低的晶面是(　　)。[东南大学·2010]

A.(100)　　　　　　　B.(110)　　　　　　　C.(111)　　　　　　　D.(121)

49.由于晶界能量较高,原子处于不稳定状态以及晶界富集杂质原子的缘故,晶界的腐蚀速度一般比晶粒内部的(　　)。[上海科技大学·2022]

A.快　　　　　　　　B.慢　　　　　　　　C.快慢一样

50.共格孪晶界面能比非共格孪晶界面能(　　)。[上海交通大学·2022]

A.更高　　　　　　　B.更低　　　　　　　C.相等　　　　　　　D.无法比较

51.从扩散角度考虑,与大角度晶界迁移率相比,小角度晶界的迁移率较(　　)。[上海大学·2021]

A.低　　　　　　　　B.高　　　　　　　　C.相似

52.晶界迁移速率由(　　)决定。[上海大学·2020]

A.晶粒大小　　　　　B.晶界能　　　　　　C.固溶物析出相

53.面心立方晶体中,(　　)晶面具有最小的表面能。[哈尔滨工业大学·2023]

A.(100)　　　　　　　B.(110)　　　　　　　C.(112)　　　　　　　D.(111)

54.共格界面、小角度晶界和孪晶界相比,界面能最低的是(　　)。[上海大学·2020]

A.共格界面　　　　　B.小角度晶界　　　　C.孪晶界

55.关于滑移和孪生,下列表述正确的是(　　)。[中南大学·2022]

A.孪生是由全位错引起的　　　　　　　　　B.滑移对塑性变形的贡献大于孪生

C.滑移的临界分切应力大于孪生　　　　　　D.孪生改变了晶体结构

56.表面能与晶体表面原子排列致密程度有关,原子排列最密排的表面,其表面能(　　)。[北京理工大学·2022]

A.最大　　　　　　　B.最小　　　　　　　C.不一定

57.易发生孪生的材料,其层错能更(　　)。[北京理工大学·2022]

A.低　　　　　　　　B.高　　　　　　　　C.不确定

58.关于位错应力场的描述错误的是(　　)。[上海交通大学·2024]

A.刃型位错有应力场,有切应力分量

B.螺型位错有应力场,有正应力分量

C.位错线平行的螺型位错和刃型位错之间没有相互作用力

D.位错线平行的同号螺型位错相互吸引

答案与解析

一、判断题

1.在晶体中形成空位的同时又产生间隙原子,这样的缺陷称为弗仑克尔缺陷。(　　)[国防科技大学·2013]

【答案】√

2.同一个位错环上各点位错类型相同。(　　)[国防科技大学·2013]

【答案】×

【解析】说法过于绝对,当 b 和位错环平行时,位错类型处处都不同。

3.热缺陷是温度高于绝对零度时,由于晶体组成上的不纯净性所产生的一种缺陷。(　　)[武汉理工大学·2004]

【答案】×

【解析】热缺陷也称为本征缺陷,是指由热起伏所产生的空位和间隙质点。题目为杂质缺陷。

4.晶体中空位的存在不会影响晶体的内能。(　　)[北京工业大学·2014]

【答案】×

【解析】考查点缺陷。空位形成时,会破坏一些空位附近的键,使点阵产生畸变,从而提高晶体内能。

5.晶体中的热缺陷浓度也与掺杂离子的浓度有关。(　　)[南京工业大学·2017]

【答案】×

【解析】考查点缺陷。热缺陷浓度只与温度有关。

6.晶体缺陷导致材料性能下降,因此合成晶体材料时,应尽量避免或减少缺陷的产生。(　　)[中国科学技术大学·2018]

【答案】√

【解析】考查晶体缺陷对材料性能的影响。

晶体缺陷有点缺陷、线缺陷和面缺陷三种。

缺陷对力学性能的影响:使得金属塑性、硬度以及抗拉强度显著降低等。

缺陷对物理性能的影响:显著改变材料的导热性、电阻、光学性能和机械性能,并极大地影响材料的各种性能指标,比如强度、塑性等。

缺陷对化学性能的影响:主要集中在材料表面性能上,如杂质原子的缺陷会在大气环境下形成原电池模型,极大地加速材料的腐蚀。另外,表面能量也会受到缺陷的极大影响,如表面化学活性、化学能等。

7.色心是一种点缺陷。（　　）[武汉理工大学·2014]

【答案】√

【解析】色心是由电子补偿引起的缺陷。色心 F 是俘获了电子的阴离子空位；色心 V 是俘获了空穴的阳离子空位。

8.肖克利不全位错可同时进行滑移和攀移。（　　）[大连理工大学·2020]

【答案】×

【解析】考查扩展位错。肖克利不全位错可以是刃型的，也可以是螺型的；刃型肖克利不全位错可以滑移，但不能攀移。（主要是因为扩展位错是由两个不全位错连同它们之间的层错合起来构成的，若不全位错进行攀移，则会离开其层错面，而扩展位错的运动是整体的运动，所以不能进行攀移。）

9.在切应力作用下，直径大的位错环比直径小的位错环容易运动。（　　）[大连理工大学·2003]

【答案】√

【解析】考查切应力对位错环运动的影响。根据公式 $\tau = \dfrac{Gb}{2R}$，τ 为维持平衡的最大切应力。若 $R_1 > R_2$，则 $\tau_1 < \tau_2$，即直径大的易达到运动条件。

10.螺型位错遇到障碍将攀移。（　　）[大连理工大学·2021]

【答案】×

【解析】考查位错攀移和交滑移的概念。从位错的原子结构上看，螺型位错没有附加的半原子面，不存在半原子面扩大或缩小引起的攀移，只有刃型位错可以发生攀移，螺型位错无法发生攀移。

11.位错滑移阻力要比其攀移阻力大。（　　）[哈尔滨工业大学·2008]

【答案】×

【解析】考查滑移和攀移的区别。位错攀移属于非守恒运动，会导致晶体体积变化，比较难进行。

12.晶体中空位的平衡浓度一般比间隙原子的大。（　　）[哈尔滨工业大学·2017]

【答案】√

【解析】由于间隙原子的形成能较大，在相同温度下，间隙原子浓度比空位浓度小得多，通常可以忽略不计，所以，一般情况下，金属晶体的点缺陷主要是指空位。

13.位错的攀移比滑移容易。（　　）[北京工业大学·2014]

【答案】×

14.肖克利不全位错既能滑移，也能攀移。（　　）[哈尔滨工业大学·2018]

【答案】×

【解析】肖克利不全位错为有层错区和无层错区的边界，可以是纯刃型、纯螺型或混合型位错。刃型肖克利不全位错不能发生攀移。螺型肖克利不全位错不能进行交滑移。

15.一对位错线相互垂直, 伯氏矢量相互平行的刃型位错相互运动进行交割, 会在各自的位错线上产生割阶。(　　)[哈尔滨工业大学·2019]

【答案】×

【解析】考查位错交割的结果。一对位错线相互垂直, 伯氏矢量相互平行的刃型位错相互运动进行交割, 会在各自的位错线上产生扭折, 如图(a)和图(b)所示。

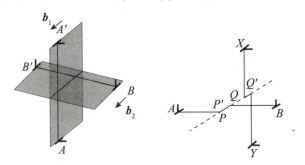

16.作用在位错线上的滑移力的方向与位错的性质无关。(　　)[哈尔滨工业大学·2017]

【答案】√

【解析】考查位错的运动与位错的性质之间的关系。

17.有2根右螺型位错线, 各自的能量都为E, 当它们无限靠近时, 总能量为2E。(　　)[哈尔滨工业大学·2015]

【答案】×

【解析】总能量为4E。

18.肖克利位错和弗兰克位错都是不全位错, 性质相同。(　　)[国防科技大学·2004]

【答案】×

【解析】性质不同。弗兰克位错不可以滑移, 而肖克利位错可以。

19.由于堆垛层错不会在晶体内产生点阵畸变, 因此不增加晶体的能量。(　　)[大连理工大学·2023]

【答案】×

【解析】形成层错时, 几乎不产生点阵畸变, 但层错破坏了晶体的完整性和正常的周期性, 使电子发生反常的衍射效应, 使晶体能量增加, 这部分增加的能量称为堆垛层错能。

20.两条相互平行的刃型和螺型位错线, 刃型位错会在螺型位错产生的弹性应力场中运动。(　　)[大连理工大学·2023]

【答案】×

【解析】二者应力场不产生交集。

21.相界能由弹性应变能和化学交互作用能组成。(　　)[大连理工大学·2022]

【答案】√

【解析】弹性应变能的大小取决于错配度, 而化学交互作用能则取决于界面上原子与周围原子的化学键结合状况。

22.刃型位错可以是位错环, 而螺型位错只能是直线。（　　）[西南交通大学·2011]

【答案】√

23.对于刃型位错, 位错线垂直于伯氏矢量; 对于螺型位错, 位错线平行于伯氏矢量。（　　）[厦门大学·2021]

【答案】√

24.点缺陷、线缺陷和面缺陷都是热力学不稳定的缺陷。（　　）[四川大学·2015]

【答案】×

【解析】点缺陷是热力学平衡缺陷。

25.一条位错线只有一个伯氏矢量, 若位错线形状发生变化, 则伯氏矢量发生变化。（　　）[清华大学·2022]

【答案】×

【解析】考查伯氏矢量的守恒性。伯氏矢量具有守恒性, 当伯氏回路任意扩大和移动时, 只要不与原位错线或其他位错线相遇, 回路的畸变总是不变, 由此可引申出一个结论: 一根不分叉的任何形状的位错只有一个伯氏矢量。

26.一根位错线不能在晶体内部中断, 也不能在晶体表面中断, 只能在晶体内部自成封闭的位错环或者和其他位错线相连接。（　　）[太原理工大学·2022]

【答案】×

【解析】位错线是已滑移区与未滑移区的边界线, 所以一根位错线不能终止于晶体内部而只能露头于晶体表面(包括晶界)。若它终止于晶体内部, 则必与其他位错线连接, 或在晶体内部形成封闭线。

27.纯刃型位错线的滑移方向与其伯氏矢量方向平行。（　　）[北京理工大学·2022]

【答案】√

【解析】考查位错线的滑移方向与伯氏矢量方向之间的关系。

28.位错的基本运动方式包括滑移和攀移, 刃型位错只有滑移运动, 而螺型位错两种运动都可以发生。在常温或低温条件下, 位错的滑移运动非常困难, 需要原子的扩散才能完成, 故升高温度可以促进这种运动。（　　）[上海理工大学·2019]

【答案】×

【解析】考查不同位错类型的基本运动方式。刃型位错还有攀移, 螺型位错只能滑移。在常温或低温条件下, 位错的攀移运动非常困难。

29.层错能越大, 扩展位错的宽度越大。（　　）[中国矿业大学(徐州)·2023]

【答案】×

【解析】$d = \dfrac{G b_1 \cdot b_2}{2\pi\gamma}$，$d$ 为位错宽度，γ 为层错能，二者成反比。

30. 小角度晶界都是由刃型位错排成墙而构成。（　　）[哈尔滨工业大学·2015]

【答案】×

【解析】扭转晶界是螺型位错。

31. 晶体中的晶界属于面缺陷。（　　）[中山大学·2019]

【答案】√

【解析】考查缺陷的分类。面缺陷是指两个方向尺寸较大，一个方向尺寸较小的缺陷。晶体的自由表面、晶界、相界和层错面等都属于面缺陷。

32. 两个位错交割产生的割阶可能是刃型位错，也可能是螺型位错。（　　）[北京工业大学·2019]

【答案】×

【解析】割阶不可能是螺型位错。

33. 一根位错线扫过整个滑移面时，晶体在滑移方向上的宏观变形量小于位错的伯氏矢量大小。（　　）[清华大学·2025]

【答案】×

【解析】晶体滑移量 $= |\boldsymbol{b}|$。

34. 位错运动的方向，一定与晶体所受外力方向平行。（　　）[清华大学·2025]

【答案】×

【解析】螺型位错运动方向和晶体受力方向垂直。

35. FCC 晶体中，肖克利不全位错，可在 (111) 面内滑移，其伯氏矢量长度小于 FCC 晶体的最近邻原子间距。（　　）[清华大学·2025]

【答案】√

【解析】伯氏矢量 $\boldsymbol{b} = \dfrac{a}{6}[112]$，长度 $\dfrac{\sqrt{6}}{6}a <$ 最近邻原子间距 $\dfrac{\sqrt{2}}{2}a$。

36. 晶界偏聚的溶质浓度随温度的上升而升高。（　　）[清华大学·2025]

【答案】×

【解析】晶界偏聚方程：

$$C = C_0 \exp\left[\Delta E / (RT)\right]$$

其中，C：晶界处的溶质浓度，C_0：常数，ΔE：激活能，T：温度。

温度越高，晶界处的溶质浓度越低。

二、填空题

1. 如果形成等量的_____和_____, 这种缺陷称为_____。[武汉大学·2020]

【答案】空位、间隙原子; 弗仑克尔缺陷。

【解析】考查点缺陷。原子脱离平衡位置迁移到晶格的间隙中, 所形成的空位叫弗仑克尔空位。

2. 影响点缺陷的平衡浓度的主要因素是_____和_____。[哈尔滨工业大学·2016]

【答案】缺陷形成能Q、温度T。

【解析】考查点缺陷的性质。缺陷浓度满足公式:

$$C = A\exp[-Q/(RT)]$$

3. 形成弗仑克尔缺陷时, 其特征是_____和_____成对出现。[武汉理工大学·2008]

【答案】空位、间隙原子。

4. 点缺陷的存在破坏了原子的平衡状态, 使得合金晶格产生_____, 合金强度_____。[大连理工大学·2013]

【答案】畸变; 提高。

【解析】考查点缺陷对材料性能的影响。

5. 弗仑克尔缺陷是_____和_____。[中国科学技术大学·2019]

【答案】空位、间隙原子。

6. 产生过饱和点缺陷的方法有_____、_____、_____。[天津理工大学·2023]

【答案】辐照法、淬火法、塑性变形。

7. 离开平衡位置的原子挤入点阵的间隙位置, 使晶体中同时形成相等数目的空位和间隙原子, 这种缺陷称为_____。[四川大学·2017]

【答案】弗仑克尔缺陷。

【解析】肖特基缺陷 =(内)表面正常结点 + 空位; 弗仑克尔缺陷 = 间隙原子 + 空位。

8. 点缺陷的平衡浓度随_____的升高而增大。[暨南大学·2023]

【答案】温度。

【解析】点缺陷的平衡浓度为 $C = A\exp\left(-\dfrac{Q}{RT}\right)$, 由此可知点缺陷的平衡浓度与化学反应速率一样, 随温度升高呈指数关系增加。

9. 伯氏矢量等于点阵矢量的是_____, 伯氏矢量等于点阵矢量或其整数倍的是_____。[北京工业大学·2022]

【答案】单位位错; 全位错。

10. 简单立方晶体, FCC, BCC, HCP晶体中, 单位位错的伯氏矢量依次是_____、_____、_____、_____。[郑州大学·2022]

【答案】$a<100>$; $a/2<110>$; $a/2<111>$; $a/3<11\bar{2}0>$。

11. 刃型位错线与伯氏矢量_____，螺型位错线与伯氏矢量_____。[南方科技大学·2023]

【答案】垂直；平行。

【解析】考查不同位错类型与伯氏矢量的关系。

12. 刃型、螺型位错线切应力与伯氏矢量分别_____、_____。[南方科技大学·2023]

【答案】平行；平行。

【解析】考查不同位错类型与伯氏矢量的关系。

13. 刃型位错的 b 与位错线方向_____，螺型位错的 b 与位错线方向_____。[大连理工大学·2018]

【答案】垂直；平行。

【解析】考查不同位错类型与伯氏矢量的关系。

14. 对于刃型位错线，其伯氏矢量_____于位错线，其滑移运动方向_____于伯氏矢量，其攀移运动方向_____于伯氏矢量；对于螺型位错线，其伯氏矢量_____于位错线，其滑移运动方向_____于伯氏矢量，其交滑移运动方向_____于伯氏矢量。[西南交通大学·2007]

【答案】垂直；平行；垂直；平行；垂直；垂直。

【解析】考查不同位错类型与伯氏矢量的关系。

15. 伯氏矢量方向表示的是_____，伯氏矢量大小表示的是_____。[天津大学·2022]

【答案】点阵畸变积累的方向；点阵畸变的程度。

16. 刃型位错的割阶是_____位错，而扭折是_____位错。而螺型位错的割阶和扭折都是_____位错。[中国海洋大学·2022]

【答案】刃型；螺型；刃型。

【解析】扭折和割阶示意图如图所示。

17. 位错密度是指_____，其数学表达式是_____。[天津大学·2003]

【答案】单位体积内所包含的位错线的总长度；L/V。

【解析】考查位错密度的定义及其表达式。

18. 刃型位错滑移面有_____个，螺型位错滑移面有_____个。[华中科技大学·2021]

【答案】1；多。

【解析】刃型位错的位错线垂直于其伯氏矢量，其滑移面由 $l \perp b$ 唯一确定；螺型位错的位错线平行于其伯氏矢量，所有包含位错线的平面都可为滑移面。

19.小角度晶界是相邻两晶粒的位相差_____的晶界,它可分为_____和扭转晶界两种基本类型,前者是由_____位错构成的,后者是由螺型位错构成的。[武汉理工大学·2009]

【答案】小于10°;倾斜晶界;刃型。

【解析】考查晶界的概念及构成类型。

20.界面错配大小与晶粒之间的转动角度有关。比如晶粒之间角度_____时,晶界是小角度晶界。[大连理工大学·2018]

【答案】小于10°。

【解析】考查小角度晶界的概念。

21.小角度晶界由_____位错构成,其中对称倾斜晶界由_____构成,扭转晶界由_____构成。[西安交通大学·2013]

【答案】一系列;刃型位错;螺型位错。

三、选择题

1.离开平衡位置的原子迁移到晶体表面,在晶体内部形成(   )。[哈尔滨工业大学·2013]

A.间隙原子   B.肖特基缺陷   C.弗仑克尔缺陷

【答案】B

2.平衡状态中不存在的缺陷应该是(   )。[东南大学·2021]

A.位错、杂质原子   B.位错、间隙原子   C.位错、晶界   D.晶界、点缺陷

【答案】C

【解析】考查点缺陷的类型。点缺陷有平衡浓度,所以平衡状态会有点缺陷。

3.离子晶体中,如果一个正离子跳到离子晶体的间隙位置,在正常的正离子位置出现一个正离子空位,这种空位-间隙离子对的形式是(   )。[上海科技大学·2021]

A.杂质原子缺陷   B.肖特基缺陷   C.弗仑克尔缺陷

【答案】C

【解析】弗仑克尔缺陷是指晶体结构中由于原先占据一个格点的原子(或离子)离开格点位置,成为间隙原子(或离子),并在其原先占据的格点处留下一个空位,这样的空位-间隙对就称为弗仑克尔缺陷,即空位和间隙成对出现的缺陷。

肖特基缺陷是晶体结构中的一种因原子(或离子)离开原来所在的格点位置而形成的空位式的点缺陷。每一个空位都是一个独立的肖特基缺陷。

4.(   )是由于晶格热运动而产生的缺陷。[南京工业大学·2019]

A.杂质缺陷   B.弗仑克尔缺陷

C.置换型缺陷   D.非化学计量缺陷

【答案】B

【解析】考查热运动产生的缺陷。有弗仑克尔缺陷和肖特基缺陷两种。

5.在理想的热力学平衡态下,(   )是不应存在的。[四川大学·2009]

A.空位、晶界 　　　　　　　　　　　　B.位错、晶界

C.空位、位错 　　　　　　　　　　　　D.空位、位错、晶界

【答案】B

【解析】空位是热力学平衡的缺陷。

6.弗仑克尔缺陷是(   )。[浙江大学·2007]

A.原子移到表面新的位置,原来位置则形成空位

B.原子离开平衡位置后,形成间隙原子,而原来位置上形成空位,成对产生

C.正负离子的二元体系,原子移到表面新的位置,原来位置空位成对出现

【答案】B

【解析】弗仑克尔缺陷和肖特基缺陷由晶体中原子热运动所致。此类点缺陷有空位和间隙原子两种基本类型。如果只形成空位而不形成等量的间隙原子,这样形成的缺陷空位称为肖特基缺陷;如果同时形成等量的空位和间隙原子,则所形成的缺陷(空位和间隙原子对)称为弗仑克尔缺陷。

7.刃型位错在沿伯氏矢量方向受到压应力作用时进行的运动是(   )。[中国矿业大学·2023]

A.正攀移 　　　　　B.负攀移 　　　　　C.交滑移

【答案】A

8.位错线上的割阶一般通过(   )形成。[太原理工大学·2022]

A.位错的交割 　　　　B.交滑移 　　　　C.孪生

【答案】A

9.下列属于热力学平衡缺陷的是(   )。[北京理工大学·2022]

A.位错 　　　　　　B.层错 　　　　　　C.间隙原子

【答案】C

10.位错增殖的方式包括(   )。[天津大学·2019]

A. 弗兰克－里德位错源机制和双交滑移机制　B.层错机制和爬行机制

C.塑性变形机制和相变机制　　　　　　　　D.微裂纹机制和位错交织机制

【答案】A

【解析】考查位错增殖机制。位错增殖的方式有弗兰克－里德位错源机制、双交滑移机制。

11.只有刃型位错能够进行攀移运动,这是因为(   )。[中国海洋大学·2018]

A.刃型位错的伯氏矢量平行于位错线　　　　B.刃型位错存在多余半原子面

C.刃型位错可以是曲线形状　　　　　　　　D.刃型位错的滑移面不唯一

【答案】B

【解析】考查攀移发生的条件。当原子从多余半原子面下端转移到别处去, 或空位从别处转移到半原子面的下端时, 位错线便向上攀移, 即正攀移; 反之, 当原子从别处转移到半原子面下端时, 或空位从这里转移到别处去时, 位错线就向下攀移, 即负攀移。

12.位错增殖机制有(　　)、双交滑移和攀移。[华中科技大学·2012]

A.弗兰克－里德位错源

B.位错的扩展

C.割阶和扭折

【答案】A

【解析】考查位错增殖机制。

13.刃型位错不能进行的是(　　)。[深圳大学·2011]

A.攀移　　　　　　　B.滑移　　　　　　　C.双交滑移

【答案】C

14.刃型位错在沿伯氏矢量方向受到压应力作用时进行的运动是(　　)。[中国矿业大学(徐州)·2023]

A.正攀移　　　　　　B.负攀移　　　　　　C.交滑移

【答案】A

【解析】考查正攀移和负攀移的定义。通常把半原子面向上运动称为正攀移, 向下运动称为负攀移。

15.位错的基本运动方式包括滑移和攀移, 刃型位错两种运动都可发生, 而螺型位错只能做(　　)运动。在常温或低温条件下, 位错的(　　)运动非常困难, 需要原子的扩散才能完成, 故升高温度可以(　　)这种运动。[上海理工大学·2018]

A.滑移; 滑移; 减弱　　　　　　　B.滑移; 攀移; 减弱

C.滑移; 攀移; 加速　　　　　　　D.攀移; 攀移; 减弱

【答案】C

【解析】考查位错发生攀移的条件。只有螺型位错可以发生交滑移, 但不能发生攀移。

16.只有刃型位错可以攀移的原因是(　　)。[长安大学·2022]

A.刃型位错的位错线是曲线

B.刃型位错的位错线与伯氏矢量垂直

C.刃型位错有多余半排原子面

【答案】C

【解析】位错攀移是靠原子或空位的转移来实现的。当原子从多余半原子面下端转移到别处去, 或空位从别处转移到半原子面的下端时, 位错线便向上攀移, 即正攀移; 反之, 当原子从别处转移到原子面下端时, 或空位从这里转移到别处去时, 位错线便向下攀移, 即负攀移。而螺型位错没有多余的半原子面, 故不存在攀移。

17. 下列关于刃型位错的说法正确的是(　　)。[苏州大学・2022]

A. 刃型位错位错线与晶体滑移方向垂直, 且有多个滑移面

B. 刃型位错位错线与晶体滑移方向平行, 且有多个滑移面

C. 刃型位错位错线与晶体滑移方向垂直, 有且仅有一个滑移面

D. 刃型位错位错线与晶体滑移方向平行, 有且仅有一个滑移面

【答案】C

【解析】考查刃型位错的特点。刃型位错有且仅有一个滑移面, 且位错线与晶体的滑移方向即伯氏矢量垂直。

18. 下列位错可以发生攀移作用的是(　　)。[苏州大学・2020]

A. 螺型位错　　　　　B. 刃型位错　　　　　C. 混合位错　　　　　D. 以上均不正确

【答案】B

【解析】考查只能发生攀移的位错。只有刃型位错可以发生攀移。

19. 螺型位错和刃型位错的不同在于(　　)。[浙江大学・2007]

A. 刃型位错不引起剪切畸变, 也不引起体积的膨胀和收缩, 螺型位错反之

B. 刃型位错引起压缩变形, 螺型位错引起体积的膨胀

C. 螺型位错只引起剪切畸变, 而不引起体积的膨胀和收缩, 刃型位错则会导致体积变化

【答案】C

【解析】刃型位错的位错线垂直于滑移方向, 刃型位错可以看成在完整晶体中插入半个原子面形成的, 因而在半原子面一侧原子受到压缩变形, 在另一侧则受到膨胀变形。螺型位错的位错线平行于滑移方向, 相当于上下原子面相对错开了一定距离, 因而螺型位错只引起剪切畸变, 而不引起体积的膨胀和收缩。

20. 位错的存在, 总是使晶体的自由能(　　)。[上海理工大学・2019]

A. 升高　　　　　B. 降低　　　　　C. 不确定　　　　　D. 先升高再降低

【答案】A

【解析】考查位错对自由能的影响。位错的存在, 会使晶体内部的能量上升。

21. 位错线上的割阶一般通过(　　)形成。[太原理工大学・2023]

A. 位错的交割　　　　　B. 交滑移　　　　　C. 孪生　　　　　D. 攀移

【答案】A

【解析】考查割阶的形成。位错的交割会形成割阶。

22. 位错滑移应满足(　　)。[浙江大学・2007]

A. 有切应力作用在位错滑移面上, 且垂直于它的伯氏矢量方向, 位错才会运动或者趋于运动

B. 有压应力作用在位错滑移面上, 且垂直于它的伯氏矢量方向, 位错才会运动或者趋于运动

C.有切应力作用在位错滑移面上, 且平行于它的伯氏矢量方向, 位错会运动或者趋于运动

【答案】C

【解析】使位错滑移的应力平行于作用面(滑移面), 根据应力的定义, 所加应力为切应力。在切应力作用下, 刃型位错的位错线滑移方向与其伯氏矢量平行, 切应力方向平行于伯氏矢量; 在切应力作用下, 螺型位错的位错线滑移方向与其伯氏矢量垂直, 切应力的方向平行于伯氏矢量。

23.下列可以描述两平行螺型位错间的相互作用(滑移)的特征的是(　　　)。[浙江大学·2007]

　A.位错同号相斥, 异号相吸, 作用大小与位错间距成反比

　B.具有相同符号的位错按垂直方向排列起来是稳定的; 位错的符号相反, 稳定方位随之改变

　C.由于相互之间不能提供对方滑移所需的应力场, 所以, 两位错间作用较小

【答案】A

【解析】考查位错间的相互作用。

晶体中存在位错时, 在它周围便产生一个应力场。实际晶体中往往有许多位错同时存在。任一位错在其相邻位错应力场的作用下都会受到作用力, 此交互作用力随位错类型、伯氏矢量大小、位错线相对位向的变化而变化。

24.关于下列两个位错反应是否成立的判断, 正确的是(　　　)。[天津大学·2022]

　① $a/2\ [\bar{1}10] \to a/6\ [\bar{2}11] + a/6\ [\bar{1}2\bar{1}]$; ② $a[100] \to a/2[101] + a/2\ [10\bar{1}]$

　A.①成立, ②不成立

　B.①不成立, ②成立

　C.①、②都成立

【答案】A

【解析】考查位错反应的几何条件和能量条件。

25.切应力下发生的位错中, 其位错线的运动方向是(　　　)。[南方科技大学·2022]

　A.与伯氏矢量方向平行　　　　　　　　　B.与伯氏矢量方向垂直

　C.与位错线方向平行　　　　　　　　　　D.与位错线方向垂直

【答案】D

【解析】考查位错线方向、伯氏矢量方向、位错线运动方向等之间的关系。

26.刃型位错属于(　　　)。[中山大学·2019]

　A.点缺陷　　　　　　B.线缺陷　　　　　　C.面缺陷　　　　　　D.体缺陷

【答案】B

【解析】考查位错的缺陷类型。

27.关于刃型位错的描述, 错误的是(　　　)。[中山大学·2019]

　A.周围点阵只发生正应变, 没有切应变　　　　B.位错线与伯氏矢量垂直

　C.滑移面唯一　　　　　　　　　　　　　　　D.有滑移和攀移

【答案】A

【解析】位错周围点阵发生弹性畸变,有切应变,也有正应变;点阵畸变相对于多余半原子面是左右对称的,其程度随距位错线距离的增大而减小。

28.(多选)下面说法错误的是(   )。[哈尔滨工业大学·2023]

A.点缺陷和位错均为热力学稳定的晶体缺陷

B.一般的晶体中,间隙原子的形成能小于空位的形成能

C.若一根位错线的正向定义为原来的反向,位错的性质不会发生改变

D.一个位错环,其各部分的伯氏矢量均不相同

【答案】ABD

【解析】位错为热力学不稳定缺陷;形成间隙原子需要更大的能量;一根位错线具有相同的伯氏矢量。

29.在密排六方晶体中,单位位错的伯氏矢量为(   )。[哈尔滨工业大学·2022]

A. $a\{11\bar{2}0\}$　　　B. $a\{10\bar{1}0\}$　　　C. $1/3a\{11\bar{2}0\}$　　　D. $1/2a\{11\bar{2}0\}$

【答案】C

【解析】通常把伯氏矢量等于单位点阵矢量的位错称为单位位错。换算成三轴制为(330),HCP点阵矢量应为 $1/3a\{11\bar{2}0\}$。

30.(多选)能进行攀移的位错可能是(   )。[哈尔滨工业大学·2022]

A.螺型全位错　　　　　　　　B.刃型全位错

C.肖克利不全位错　　　　　　D.弗兰克不全位错

【答案】BD

【解析】肖克利不全位错可滑移,不能攀移;弗兰克不全位错不能在滑移面上滑移,可攀移。

31.刃型位错的伯氏矢量与位错线(   ),螺型位错的伯氏矢量与位错线(   )。[东南大学·2021]

A.平行;垂直　　　B.垂直;平行　　　C.平行;平行　　　D.垂直;垂直

【答案】B

【解析】刃型位错的伯氏矢量与位错线是垂直关系,螺型位错是平行关系。

32.能进行交滑移的位错必然是(   )。[西南交通大学·2021]

A.刃型位错　　　B.螺型位错　　　C.混合型位错　　　D.各种位错均可

【答案】B

【解析】考查交滑移的特性。交滑移产生的难易程度与晶体的层错能有关,层错能高的材料易发生交滑移。交滑移必须是纯螺型位错,因其滑移面不受限制。交滑移对晶体的塑性变形有重要影响。

33.下列晶体缺陷中,属于一维缺陷的是(   )。[上海科技大学·2021]

A. 线缺陷　　　　　　　B. 点缺陷　　　　　　　C. 面缺陷

【答案】A

【解析】考查晶体缺陷的类型。零维是点, 一维是线, 二维是面。

34. 以下属于刃型位错特征的是(　　　)。[上海科技大学·2022]

A. 位错线与滑移矢量平行

B. 位错无额外半原子面

C. 位错有一个额外的半原子面

【答案】C

【解析】考查位错的特征。

几何特征: 位错线与原子滑移方向相垂直; 滑移面上部位错线周围原子受压应力作用, 原子间距小于正常晶格间距;滑移面下部位错线周围原子受拉应力作用, 原子间距大于正常晶格间距。

刃型位错的分类: 正刃型位错,"⊥"; 负刃型位错,"⊤"。符号中水平线代表滑移面, 垂直线代表半个原子面。

结构特征: ①有一个额外的半原子面, 分正刃型位错和负刃型位错; ②位错线可理解为已滑移区与未滑移区的边界线, 可以是直线, 也可以是折线和曲线, 但它们必与滑移方向及滑移矢量垂直;③只能在同时包含位错线和滑移矢量的滑移平面上滑移;④位错周围点阵发生弹性畸变, 有切应变, 也有正应变, 点阵畸变相对于多余半原子面是左右对称的, 其程度随与位错线的距离增大而减小。

35. 位错的伯氏矢量 b 等于点阵矢量或其整数倍的位错称为(　　　)。[上海科技大学·2022]

A. 全位错　　　　　　　B. 不全位错　　　　　　　C. 部分位错

【答案】A

【解析】考查位错类型。位错的伯氏矢量等于点阵矢量或其整数倍的位错称为全位错。

如果滑移中止于晶体内部某处, 或者抽去的不是完整一层, 或者插入的也不是完整一层, 这时造成的堆垛层错只是在晶体中的一部分区域存在, 在堆垛层错部分与完整部分的交界处就造成了不全位错。

部分位错: 伯氏矢量小于点阵矢量的位错。

单位位错: 伯氏矢量等于晶体中最短的点阵矢量的位错。

36. 单位长度位错应变能最高的是(　　　)。[上海交通大学·2022]

A. 刃型位错　　　　　　　　　　　B. 螺型位错

C. 混合位错　　　　　　　　　　　D. 以上位错不可比较

【答案】A

【解析】所有单位长度位错的应变能均可用 $E_e = \dfrac{Gb^2}{4\pi K}\ln\dfrac{R}{r_0}$ 表示。其中, 对于螺型位错, $K=1$; 对

于刃型位错, $K=1-v$; 而对于混合型位错, $K=\dfrac{1-v}{1-v\cos^2\varphi}$。

37. 下面关于位错应力场的表述, 正确的是(　　)。[上海交通大学·2022]

A. 刃型位错的应力场中, 正应力分量全为零

B. 刃型位错的应力场中, 切应力分量全为零

C. 螺型位错的应力场中, 正应力分量全为零

D. 螺型位错的应力场中, 切应力分量全为零

【答案】C

【解析】考查位错应力场的表达方式。

螺型位错的应力场只有切应力分量, 正应力分量全为零, 这表明螺型位错不会引起晶体的膨胀和收缩。

38. 下列关于位错的说法, 错误的是(　　)。[中南大学·2022]

A. 位错可以中断于晶体表面　　　　　　　B. 位错可以相交于位错节点

C. 伯氏矢量的选取与回路和起点无关　　　D. 位错滑移后, 伯氏矢量发生了改变

【答案】D

【解析】位错滑移后, 伯氏矢量不发生改变。

39. 下列属于热力学平衡缺陷的是(　　)。[北京理工大学·2022]

A. 位错　　　　　　　B. 层错　　　　　　　C. 间隙原子

【答案】C

【解析】位错引起的熵变小, 属于不稳定缺陷。

40. 单位长度位错应变能正比于(　　)。[北京理工大学·2022]

A. b　　　　　　　B. Gb　　　　　　　C. Gb^2

【答案】C

【解析】无论是刃型、螺型还是混合型位错, 均有 $W=aGb^2$。

a 常取 0.5~1.0, 螺型位错取 0.5, 刃型位错取 1.0, 即位错的能量与伯氏矢量的平方成正比。

41. 肖克利位错(　　)。[北京理工大学·2022]

A. 是刃型位错

B. 是螺型位错

C. 可以是刃型位错, 也可以是螺型位错

【答案】C

【解析】位错类型中, 只有弗兰克位错只能是刃型位错。

42.下列关于位错的说法,错误的是( )。[上海交通大学·2021]

A.一根位错线只有一个伯氏矢量

B.螺型位错的位错线只能是直线

C.位错可以终结于晶体表面、晶界以及晶粒内部

D.整个位错划过晶体会产生一个 b 的位移

【答案】C

【解析】位错在晶体内部存在的形态可以形成一个闭合的位错环,或者与其他位错连接、终止于晶界、露头于晶体表面,但是不能够中断在晶体内部。

43.能进行攀移运动的位错必然是( )。[河北工业大学·2021]

A.扩展位错   B.螺型位错

C.混合型位错   D.刃型位错

【答案】D

【解析】考查位错的基本运动方式。只有刃型位错可以攀移。

44.两个伯氏矢量同向的平行螺型位错靠近时,它们的相互作用为( )。[河北工业大学·2013]

A.攀移   B.排斥   C.滑移   D.吸引

【答案】B

45.晶格常数为 a 的简单立方晶体中,单位位错的伯氏矢量是( )。[上海科技大学·2022]

A. $a<110>$ B. $a<100>$ C. $a<111>$

【答案】B

【解析】考查单位位错的伯氏矢量的表示方式。单位位错:伯氏矢量等于晶体中最短的点阵矢量的位错。故在三个选项中应选择 $a<100>$。

46.以下关于位错能量的说法,错误的是( )。[上海科技大学·2022]

A.位错周围点阵畸变引起弹性引力场,导致晶体能量增加

B.发生位错反应后,各位错的总能量应大于反应前各位错的总能量

C.发生位错反应后,各位错的总能量应不大于反应前各位错的总能量

【答案】B

【解析】考查位错反应。发生位错反应后,能量应该降低。

47.根据多晶体内部相邻晶粒之间位向差的角度大小,可以将晶界分类。相邻晶粒位向差大于10°的晶界属于( )。[上海科技大学·2022]

A.小角度晶界   B.亚晶界   C.大角度晶界

【答案】C

【解析】相邻晶粒位向差10°是大、小角度晶界的分界线。

48. 对简单立方晶体而言, 表面能最低的晶面是(　　)。[东南大学·2010]

A.(100)　　　　　　B.(110)　　　　　　C.(111)　　　　　　D.(121)

【答案】A

【解析】考查表面能。晶体中不同晶面的表面能数值不同, 这是由于表面能的本质是表面原子的不饱和键, 而不同晶面上的原子密度不同, 密排面的原子密度最大, 则该面上任一原子与相邻晶面原子的作用键数最少, 故以密排面作为表面时, 不饱和键数最少, 表面能量低。

49. 由于晶界能量较高, 原子处于不稳定状态以及晶界富集杂质原子的缘故, 晶界的腐蚀速度一般比晶粒内部的(　　)。[上海科技大学·2022]

A.快　　　　　　　B.慢　　　　　　　C.快慢一样

【答案】A

【解析】考查晶界与晶粒内能量的差异。正因为晶界腐蚀速度快, 才经常通过这种腐蚀方法在微观状态下观察晶界。

50. 共格孪晶界面能比非共格孪晶界面能(　　)。[上海交通大学·2022]

A.更高　　　　　　B.更低　　　　　　C.相等　　　　　　D.无法比较

【答案】B

【解析】考查不同晶界界面能的大小。共格孪晶的界面能很低, 约为普通晶界界面能的1/10, 非共格孪晶界的能量相对较高, 约为普通晶界的1/2。

51. 从扩散角度考虑, 与大角度晶界迁移率相比, 小角度晶界的迁移率较(　　)。[上海大学·2021]

A.低　　　　　　　B.高　　　　　　　C.相似

【答案】A

【解析】晶界的界面能与相邻晶粒间的位向差有关, 小角度晶界的界面能小于大角度晶界的界面能, 而界面移动的驱动力又与界面能成正比, 因此, 前者的移动速度要小于后者。

52. 晶界迁移速率由(　　)决定。[上海大学·2020]

A.晶粒大小　　　　B.晶界能　　　　　C.固溶物析出相

【答案】B

【解析】考查晶界的迁移。多晶材料中晶界迁移速率由晶界活性和晶界迁移的驱动力决定。相对于晶体内部, 晶界处于较高的能量状态, 高出的那部分能量称为晶界能。

53. 面心立方晶体中, (　　)晶面具有最小的表面能。[哈尔滨工业大学·2023]

A.(100)　　　　　　B.(110)　　　　　　C.(112)　　　　　　D.(111)

【答案】D

【解析】考查晶面。最密排面的面间距最大, 表面能最小, 且面心立方的 {110} 晶面族为密排面。

54.共格界面、小角度晶界和孪晶界相比, 界面能最低的是(   )。[上海大学·2020]

A.共格界面　　　　　　B.小角度晶界　　　　　C.孪晶界

【答案】C

【解析】孪晶界能量往往非常低, 仅为大角度晶界能量的10%, 如图所示。

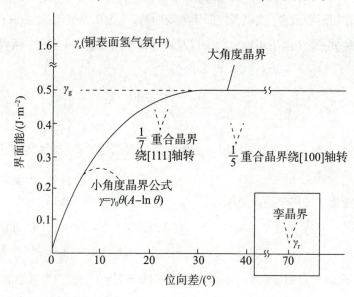

55.关于滑移和孪生, 下列表述正确的是(   )。[中南大学·2022]

A.孪生是由全位错引起的　　　　　　　B.滑移对塑性变形的贡献大于孪生

C.滑移的临界分切应力大于孪生　　　　D.孪生改变了晶体结构

【答案】B

【解析】考查滑移和孪生的区别。孪生由不全位错扫过晶体而形成; 滑移的临界分切应力小于孪生, 因为孪生是滑移受到极大阻碍才发生的; 孪生只发生均匀切变, 不改变切变区的晶体结构, 切变区和未切变区呈镜面对称。

56.表面能与晶体表面原子排列致密程度有关, 原子排列最密排的表面, 其表面能(   )。[北京理工大学·2022]

A.最大　　　　　　　B.最小　　　　　　　C.不一定

【答案】B

【解析】晶体中不同晶面的表面能数值不同, 这是由于表面能的本质是表面原子的不饱和键, 密排面作为表面时不饱和键数最少, 表面能最小。

57.易发生孪生的材料, 其层错能更(   )。[北京理工大学·2022]

A.低　　　　　　　B.高　　　　　　　C.不确定

【答案】A

【解析】层错能低, 层错宽度大, 难以束集, 难以交滑移, 易发生孪生。

58.关于位错应力场的描述错误的是(　　　)。[上海交通大学·2024]

A.刃型位错有应力场, 有切应力分量

B.螺型位错有应力场, 有正应力分量

C.位错线平行的螺型位错和刃型位错之间没有相互作用力

D.位错线平行的同号螺型位错相互吸引

【答案】B

【解析】螺型位错应力场只有切应力, 没有正应力, 刃型位错两者都有。

第四章　固体中原子及分子的运动

一、判断题

1. 菲克定律是从微观的角度，描述质点的扩散机制。（　　）[南京工业大学·2018]

2. 菲克定律定量描述了质点的扩散行为和扩散机理。（　　）[南京工业大学·2017]

3. 菲克定律是从微观的角度，定量描述质点的扩散行为。（　　）[南京工业大学·2016]

4. 晶体中的扩散在高温时一般表现出非本征扩散。（　　）[南京工业大学·2015]

5. 菲克定律从宏观统计学的角度，定量描述了质点的扩散行为。（　　）

6. 在低温时，一般固体材料中发生的扩散是本征扩散。（　　）[南京工业大学·2008]

7. 扩散通量是单位时间垂直单位截面的量。（　　）[天津大学·2020]

8. 根据菲克第一定律可知，当浓度梯度不存在时，物质内无扩散存在。（　　）[北京理工大学·2018]

9. 溶质原子的扩散方向总是与浓度梯度的方向相反。（　　）[北京理工大学·2014]

10. 渗碳是稳态扩散，可以用菲克第一定律来计算。（　　）[清华大学·2019]

11. 在致密度较大的晶体结构中，无论是空位扩散还是间隙扩散，都更容易进行。（　　）[北京工业大学·2018]

12. 由扩散考虑，与大角度晶界迁移率相比，小角度晶界的迁移率较低。（　　）[北京工业大学·2002]

13. 离子扩散比原子扩散简单。（　　）[中国海洋大学·2022]

14. 晶体缺陷可影响晶体的物理和化学性质，但不会影响发生在晶体中的扩散、烧结、化学反应等过程。（　　）[中国海洋大学·2020]

15. 柯肯达尔效应反映了固溶体中置换原子的扩散现象。（　　）[北京理工大学·2022]

16. 纯铁中铁原子的宏观扩散规律可由菲克定律描述。（　　）[北京理工大学·2022]

17. 上坡扩散是从低能区向高能区扩散。（　　）[北京理工大学·2021]

18. 纯铁中没有浓度变化，根据菲克第一定律，纯铁中无扩散。（　　）[北京理工大学·2019]

19. 调幅分解是下坡扩散。（　　）[北京理工大学·2019]

20. 间隙机制比置换机制扩散系数大。（　　）[天津大学·2020]

21. 扩散是由浓度梯度决定的，原子总是由高浓度向低浓度运动。（　　）[天津大学·2018]

22. 温度越高，扩散激活能越大，扩散速度越慢。（　　）[天津大学·2018]

23. 单晶铝的自扩散系数大于多晶铝的自扩散系数。（　　）[国防科技大学·2013]

24. 固态金属中，原子扩散的最快途径是晶界扩散。（　　）[西安交通大学·2019]

25. 大多数固相反应是由扩散速度控制的。（　　）[清华大学·2017]

26. Fe–0.2%w(C)二元合金在800 ℃下发生扩散时, 存在柯肯达尔效应。(　　)[大连理工大学·2023]

27. 在同一扩散体系中, 原子扩散的距离与扩散系数的平方根成正比。(　　)[国防科技大学·2013]

二、填空题

1. 菲克第一定律适用于_____扩散, 菲克第二定律适用于_____扩散。[大连理工大学·2017]

2. 菲克第一定律指出, 在稳态扩散过程中, _____与_____成正比。该方程中的负号表示_____方向与_____方向相反。[四川大学·2013]

3. 晶体中溶质原子从低浓度区向高浓度区扩散的现象称为_____, 其驱动力是_____。[四川大学·2017]

4. 原子扩散的驱动力是_____。扩散激活能越_____, 扩散越难以进行; 扩散温度越_____, 扩散越难以进行。[国防科技大学·2012]

5. 材料中能发生扩散的根本原因是_____, 材料中扩散的微观机构有2种, 它们分别是_____、_____。[国防科技大学·2010]

6. 伴随有化学反应或相变的扩散过程称为_____扩散。[四川大学·2011]

7. Cu–Zn组成的互扩散偶发生扩散时, 其标志面向_____一端移动。[大连理工大学·2013]

8. 从扩散的微观机制上说, 钢的表面渗碳是_____, 铜锌合金的固溶处理主要是_____。[北京工业大学·2025]

三、选择题

1. 菲克第一定律中, 负号表示扩散方向与浓度降低方向(　　)。[武汉大学·2018]

　　A.垂直　　　　　　B.一致　　　　　　C.相反　　　　　　D.可逆

2. 菲克第一定律表述了稳态扩散的特征, 即浓度不随(　　)而变化。[东南大学·2016]

　　A.距离　　　　　　B.时间　　　　　　C.温度　　　　　　D.扩散物质的量

3. 下列没有柯肯达尔效应的是(　　)。[南方科技大学·2023]

　　A. Cu–Sn　　　　　B. Fe–C　　　　　C. Au–Ag　　　　　D. Cu–Ni

4. 最常见的扩散机制是(　　)。[中国科学技术大学·2023]

　　A.空位扩散　　　　B.间隙扩散　　　　C.复合　　　　　　D.环形

5. A, B两组元组成的置换固溶体中, 除了原子的定向扩散外, 还会发生空位扩散, 空位扩散形成空位流, 则空位流的方向(　　)。[东南大学·2014]

　　A.是随机的, 与A或B的扩散系数无关　　　　B.如果$D_A > D_B$, 与B原子的扩散方向相同

C.如果$D_A > D_B$,与A原子的扩散方向相同　　　　D.如果$D_A < D_B$,与B原子的扩散方向相同

6.以下现象与扩散无关的是(　　)。[上海科技大学·2023]

   A.对纯铁进行渗碳处理

   B.对纯铁进行渗氮处理

   C.原子在晶格平衡位置附近发生振动

7.关于固态扩散,错误的说法是(　　)。[天津工业大学·2023]

   A.扩散是原子热运动的过程

   B.扩散是原子定向跃迁的过程

   C.扩散是大量原子无序跃迁的统计结果

8.Cu 和 Cu-Zn 合金焊合后发生柯肯达尔效应。实验发现,界面向 Cu-Zn 合金方向移动,其主要原因为(　　)。[国防科技大学·2018]

   A. Cu 组元的扩散速度大于 Zn 组元的扩散速度

   B. Zn 组元的扩散速度大于 Cu 组元的扩散速度

   C. Cu 原子的半径大于 Zn 原子的半径

   D. Zn 原子的半径大于 Cu 原子的半径

9.Cu-Zn 合金和 Cu 焊接成的扩散偶发生柯肯达尔效应,其原始标记面(　　)。[国防科技大学·2016]

   A.向 Cu-Zn 合金一侧移动

   B.向 Cu 一侧移动

   C.不移动

10.置换固溶体中原子扩散机制是(　　)。[南方科技大学·2022]

   A.空位扩散　　　　　B.间隙扩散　　　　　C.交换机制　　　　　D.挤列

11.下列扩散速度最快的是(　　)。[华中科技大学·2018]

   A.晶界扩散　　　　　B.晶内扩散　　　　　C.表面扩散

12.扩散时浓度发生了变化,则(　　)。[东南大学·2022]

   A.一定发生置换扩散　　　　　　　　　B.一定发生间隙扩散

   C.一定存在化学势梯度　　　　　　　　D.一定存在浓度梯度

13.关于菲克第一定律,下列说法正确的是(　　)。[东南大学·2022]

   A.扩散方向一定与浓度方向相反　　　　B.扩散方向一定与浓度方向相同

   C.浓度一定不发生变化　　　　　　　　D.一定温度下材料的扩散系数是常数

14.下列相变属于上坡扩散的是(　　)。[东南大学·2022]

   A.调幅分解　　　　　B.马氏体相变　　　　　C.贝氏体相变　　　　　D.沉淀相变

15. 下列元素在 γ-Fe 中扩散激活能最小的是(　　)。[东南大学·2021]

　　A. C　　　　　　　B. Cr　　　　　　　C. Ni　　　　　　　D. Mn

16. 不通过原子扩散的转变是(　　)。[东南大学·2021]

　　A.奥氏体转变　　　　　　　　　B.马氏体转变

　　C.奥氏体析出二次渗碳体　　　　D.调幅分解

17. 上坡扩散指(　　)。[东南大学·2021]

　　A.低浓度向高浓度的扩散　　　　B.高浓度向低浓度的扩散

　　C.低化学势向高化学势的扩散　　D.以上都不对

18. A 和 A-B 合金焊合后发生柯肯达尔效应,测得界面向 A 试样方向移动,则(　　)。[东南大学·2016]

　　A.A 组元扩散速度大于 B 组元　　B.A 组元扩散速度小于 B 组元

　　C.A, B 两组元扩散速度相同　　　D.以上都不对

19. 在多晶体和合金中,原子扩散激活能有(　　)。[东南大学·2016]

　　A. $Q_{体积} > Q_{晶界} > Q_{表面}$　　　　B. $Q_{表面} > Q_{体积} > Q_{晶界}$

　　C. $Q_{表面} > Q_{晶界} > Q_{体积}$　　　　D. $Q_{体积} > Q_{表面} > Q_{晶界}$

20. 下列过程中一定不会发生反应扩散的是(　　)。[东南大学·2015]

　　A.钢的氧化　　　　　　　　　　B.纯铁渗氮过程

　　C.镍扩散到铜中形成单相固溶体　D.纯铁渗碳过程

21. 下列系统中不可能发生柯肯达尔效应的是(　　)。[东南大学·2014]

　　A. Fe-Ni　　　　B. Fe-Cr　　　　C. Fe-C　　　　D. Cu-Ni

22. 柯肯达尔效应中发生点阵平面迁移的原因是(　　)。[东南大学·2012]

　　A.只有一种原子发生了扩散　　　B.发生了间隙扩散

　　C.两种原子的体积不同　　　　　D.两种原子的扩散速度不同

23. 材料中能发生扩散的根本原因是(　　)。[西南交通大学·2013]

　　A.温度的变化　　B.存在浓度梯度　　C.存在化学势梯度　　D.以上都对

24. 下列发生了上坡扩散转变过程的是(　　)。[东南大学·2012]

　　A.脱溶转变　　　B.有序化转变　　　C.块状转变　　　D.调幅分解

25. 在 A, B 两组元组成的扩散偶中,如果发生(　　)。[东南大学·2011]

　　A.间隙扩散,则 A 和 B 两种原子都会发生定向迁移(扩散)

　　B.空位扩散,则只有一种原子会发生定向迁移(扩散)

　　C.置换扩散,则一定存在空位扩散

　　D.置换扩散,则一定发生点阵平面迁移

26.关于固体原子的扩散,下列说法正确的是(　　)。[东南大学·2010]

　　A.晶体的致密度越高,扩散系数越大

　　B.晶体缺陷会导致扩散激活能增加,影响扩散系数

　　C.发生柯肯达尔效应时,空位浓度增加,导致点阵平面迁移

　　D.置换扩散和间隙扩散相比,后者的扩散速度较快

27.影响扩散的因素包括(　　)。[上海科技大学·2022]

　　A.温度　　　　　　　B.固溶体类型　　　　　　C.以上都是

28.下列二元系中不可能发生柯肯达尔效应的是(　　)。[东南大学·2008]

　　A.Al-Cu系　　　　　B.Fe-Ni系　　　　　C.Fe-N系　　　　　D.Cu-Ni系

29.下列有关固体中扩散的说法,正确的是(　　)。[东南大学·2006]

　　A.原子扩散的驱动力是存在着浓度梯度

　　B.空位扩散是指间隙固溶体中溶质原子从一个间隙跳到另一个间隙

　　C.晶界上点阵畸变较大,因而原子迁移阻力较大,所以比晶内的扩散系数要小

　　D.成分均匀的材料中也存在着扩散

30.决定扩散的根本因素是(　　)。[厦门大学·2020]

　　A.晶体结构　　　　　B.浓度　　　　　C.化学势梯度　　　　　D.原子尺寸

31.温度会影响扩散速度,温度越高,扩散系数(　　)。[上海科技大学·2023]

　　A.越小　　　　　　　B.越大　　　　　C.不变

32.扩散系数 D 的单位为(　　)。[国防科技大学·2016]

　　A. $g/(m^3 \cdot s)$ 　　　B. g/m^3 　　　C. $g/(m^2 \cdot s)$ 　　　D. m^2/s

33.由浓度梯度引起的扩散称为(　　)。[国防科技大学·2016]

　　A.浓度扩散　　　　　B.化学扩散　　　　　C.稳态扩散　　　　　D.非稳态扩散

34.原子扩散的驱动力是(　　)。[国防科技大学·2016]

　　A.组元的浓度梯度

　　B.组元的化学势梯度

　　C.组元的化学势

35.材料发生扩散的根本原因是(　　)。[上海交通大学·2024]

　　A.浓度梯度　　　　　B.温度梯度　　　　　C.化学势梯度　　　　　D.都不是

36.等温扩散时,扩散距离与(　　)成正比。[上海交通大学·2024]

　　A.时间的平方　　　　B.时间　　　　　C.时间的立方根　　　　　D.时间的平方根

37.关于柯肯达尔效应,下列说法正确的是(　　)。[上海交通大学·2024]

　　A.标记面往扩散快的一侧漂移

　　B.标记面往扩散慢的一侧漂移

C.空位迁移与界面移动方向一致

D.间隙扩散可以形成柯肯达尔效应

38.高分子玻璃态主要是(　　　)可以运动导致的。[上海交通大学·2024]

    A.链节   B.链段   C.分子链   D.以上均可

答案与解析

一、判断题

1.菲克定律是从微观的角度,描述质点的扩散机制。(　　)[南京工业大学·2018]

【答案】×

【解析】考查菲克定律。菲克定律是从宏观角度描述质点扩散机制的,微观涉及晶体。

2.菲克定律定量描述了质点的扩散行为和扩散机理。(　　)[南京工业大学·2017]

【答案】×

【解析】考查菲克定律。菲克定律定量地描述了质点扩散的宏观行为,即扩散速度和浓度梯度的关系。但扩散机理涉及原子或分子如何移动,如空位扩散、间隙扩散、表面扩散等微观过程。微观机理需要借助固体物理、材料结构、缺陷类型、能垒、原子跳跃频率等来理解。

3.菲克定律是从微观的角度,定量描述质点的扩散行为。(　　)[南京工业大学·2016]

【答案】×

【解析】考查菲克定律。菲克定律是从宏观角度定量描述质点的扩散行为的。

4.晶体中的扩散在高温时一般表现出非本征扩散。(　　)[南京工业大学·2015]

【答案】×

5.菲克定律从宏观统计学的角度,定量描述了质点的扩散行为。(　　)

【答案】√

6.在低温时,一般固体材料中发生的扩散是本征扩散。(　　)[南京工业大学·2008]

【答案】×

【解析】低温时,一般固体材料的扩散主要是非本征扩散。

7.扩散通量是单位时间垂直单位截面的量。(　　)[天津大学·2020]

【答案】√

【解析】考查扩散通量。扩散通量:在稳态扩散条件下,即 $\frac{dC}{dt}=0$,单位时间内通过垂直于扩散方向单位界面的物质流量。

8.根据菲克第一定律可知,当浓度梯度不存在时,物质内无扩散存在。(　　)[北京理工大学·2018]

【答案】×

【解析】扩散的驱动力是化学势梯度,只要化学势梯度不为0,就可以扩散。

9.溶质原子的扩散方向总是与浓度梯度的方向相反。(　　)[北京理工大学·2014]

【答案】×

【解析】考查扩散方向。扩散的方向总是与化学势梯度的方向相反。

10.渗碳是稳态扩散,可以用菲克第一定律来计算。(　　)[清华大学·2019]

【答案】×

【解析】考查扩散的类型。渗碳是半无限长的物体的扩散, 不是稳态扩散。

11. 在致密度较大的晶体结构中, 无论是空位扩散还是间隙扩散, 都更容易进行。(　　　)［北京工业大学·2018］

【答案】×

【解析】考查扩散。致密度大, 扩散不易进行。

12. 由扩散考虑, 与大角度晶界迁移率相比, 小角度晶界的迁移率较低。(　　　)［北京工业大学·2002］

【答案】√

【解析】大角度晶界混乱度高, 原子活动能力强, 扩散快, 迁移也快。

13. 离子扩散比原子扩散简单。(　　　)［中国海洋大学·2022］

【答案】×

【解析】考查离子扩散。在离子晶体中, 离子键的结合能一般大于金属键的结合能, 扩散离子所需克服的能垒比金属原子大得多, 而且为了保持局部电中性, 必须产生成对的缺陷, 增加了额外的能量, 因此离子扩散比原子扩散更困难。

14. 晶体缺陷可影响晶体的物理和化学性质, 但不会影响发生在晶体中的扩散、烧结、化学反应等过程。(　　　)［中国海洋大学·2020］

【答案】×

【解析】缺陷会影响扩散过程。

15. 柯肯达尔效应反映了固溶体中置换原子的扩散现象。(　　　)［北京理工大学·2022］

【答案】√

16. 纯铁中铁原子的宏观扩散规律可由菲克定律描述。(　　　)［北京理工大学·2022］

【答案】√

17. 上坡扩散是从低能区向高能区扩散。(　　　)［北京理工大学·2021］

【答案】×

【解析】考查上坡扩散。上坡扩散是从低浓度区向高浓度区扩散。

18. 纯铁中没有浓度变化, 根据菲克第一定律, 纯铁中无扩散。(　　　)［北京理工大学·2019］

【答案】×

【解析】只要温度高于 0 K, 扩散就无处不在, 无时不有。

19. 调幅分解是下坡扩散。(　　　)［北京理工大学·2019］

【答案】×

【解析】调幅分解是上坡扩散。

20. 间隙机制比置换机制扩散系数大。(　　　)［天津大学·2020］

【答案】√

【解析】考查扩散机制。间隙原子的扩散激活能小于置换原子的扩散激活能, 故扩散系数大。前者的激活能仅包括迁移能, 而后者的激活能包括空位形成能和迁移能。

21. 扩散是由浓度梯度决定的, 原子总是由高浓度向低浓度运动。(   )[天津大学 · 2018]

【答案】×

【解析】考查扩散的原因。扩散是由化学势梯度决定的, 原子由高的化学势向低的化学势运动。

22. 温度越高, 扩散激活能越大, 扩散速度越慢。(   )[天津大学 · 2018]

【答案】×

【解析】温度越高, 扩散激活能越小, 扩散速度越快。

23. 单晶铝的自扩散系数大于多晶铝的自扩散系数。(   )[国防科技大学 · 2013]

【答案】×

【解析】考查晶界扩散。多晶体有晶界, 晶界上原子扩散类似于短路扩散, 非常快。

24. 固态金属中, 原子扩散的最快途径是晶界扩散。(   )[西安交通大学 · 2019]

【答案】×

【解析】考查扩散。原子扩散的最快途径是表面扩散。

25. 大多数固相反应是由扩散速度控制的。(   )[清华大学 · 2017]

【答案】√

26. Fe-0.2%w(C)二元合金在 800 ℃下发生扩散时, 存在柯肯达尔效应。(   )[大连理工大学 · 2023]

【答案】×

【解析】考查固溶体类型。形成置换型固溶体的两种金属扩散偶中, 两种金属以不同的速率相对扩散而造成原始界面漂移的现象称为柯肯达尔效应。C 在 Fe 中以间隙原子的形式存在, 不是置换固溶体。

27. 在同一扩散体系中, 原子扩散的距离与扩散系数的平方根成正比。(   )[国防科技大学 · 2013]

【答案】√

二、填空题

1. 菲克第一定律适用于_____扩散, 菲克第二定律适用于_____扩散。[大连理工大学 · 2017]

【答案】稳态; 非稳态。

2. 菲克第一定律指出, 在稳态扩散过程中, _____与_____成正比。该方程中的负号表示_____方向与_____方向相反。[四川大学 · 2013]

【答案】扩散通量、浓度梯度; 扩散、浓度升高。

3. 晶体中溶质原子从低浓度区向高浓度区扩散的现象称为_____, 其驱动力是_____。[四川大学 ·

2017]

【答案】上坡扩散；化学势梯度。

4. 原子扩散的驱动力是_____。扩散激活能越_____，扩散越难以进行；扩散温度越_____，扩散越难以进行。[国防科技大学·2012]

【答案】化学势梯度；大；低。

5. 材料中能发生扩散的根本原因是_____，材料中扩散的微观机构有2种，它们分别是_____、_____。[国防科技大学·2010]

【答案】存在化学势梯度；空位机制、间隙机制。

6. 伴随有化学反应或相变的扩散过程称为_____扩散。[四川大学·2011]

【答案】反应(或填相变)。

【解析】考查反应扩散的特点。当某种元素通过扩散，自金属表面向内部渗碳时，若该扩散元素的含量超过基体金属的溶解度，则随着扩散的进行，会在金属表层形成中间相(也可能是另一种固溶体)，这种通过扩散形成新相的现象称为反应扩散或相变扩散。

7. Cu-Zn组成的互扩散偶发生扩散时，其标志面向_____一端移动。[大连理工大学·2013]

【答案】Zn。

8. 从扩散的微观机制上说，钢的表面渗碳是_____，铜锌合金的固溶处理主要是_____。[北京工业大学·2025]

【答案】间隙扩散；空位扩散。

【解析】小原子C，N等的扩散属于间隙扩散，金属原子之间的扩散属于空位扩散。

三、选择题

1. 菲克第一定律中，负号表示扩散方向与浓度降低方向(   )。[武汉大学·2018]

A. 垂直　　　　　　B. 一致　　　　　　C. 相反　　　　　　D. 可逆

【答案】B

2. 菲克第一定律表述了稳态扩散的特征，即浓度不随(   )而变化。[东南大学·2016]

A. 距离　　　　　　B. 时间　　　　　　C. 温度　　　　　　D. 扩散物质的量

【答案】B

3. 下列没有柯肯达尔效应的是(   )。[南方科技大学·2023]

A. Cu-Sn　　　　　B. Fe-C　　　　　C. Au-Ag　　　　　D. Cu-Ni

【答案】B

4. 最常见的扩散机制是(   )。[中国科学技术大学·2023]

A. 空位扩散　　　　B. 间隙扩散　　　　C. 复合　　　　　　D. 环形

【答案】A

5. A，B两组元组成的置换固溶体中，除了原子的定向扩散外，还会发生空位扩散，空位扩散形成

空位流, 则空位流的方向( )。[东南大学·2014]

A.是随机的, 与A或B的扩散系数无关　　　B.如果$D_A > D_B$, 与B原子的扩散方向相同

C.如果$D_A > D_B$, 与A原子的扩散方向相同　　　D.如果$D_A < D_B$, 与B原子的扩散方向相同

【答案】B

6.以下现象与扩散无关的是( )。[上海科技大学·2023]

A.对纯铁进行渗碳处理

B.对纯铁进行渗氮处理

C.原子在晶格平衡位置附近发生振动

【答案】C

7.关于固态扩散, 错误的说法是( )。[天津工业大学·2023]

A.扩散是原子热运动的过程

B.扩散是原子定向跃迁的过程

C.扩散是大量原子无序跃迁的统计结果

【答案】B

【解析】考查扩散原因。扩散不是原子定向跃迁, 而是大量原子经过n次跃迁之后的结果。

8.Cu 和 Cu-Zn 合金焊合后发生柯肯达尔效应。实验发现, 界面向 Cu-Zn 合金方向移动, 其主要原因为( )。[国防科技大学·2018]

A. Cu 组元的扩散速度大于 Zn 组元的扩散速度

B. Zn 组元的扩散速度大于 Cu 组元的扩散速度

C. Cu 原子的半径大于 Zn 原子的半径

D. Zn 原子的半径大于 Cu 原子的半径

【答案】B

9.Cu-Zn 合金和 Cu 焊接成的扩散偶发生柯肯达尔效应, 其原始标记面( )。[国防科技大学·2016]

A.向 Cu-Zn 合金一侧移动

B.向 Cu 一侧移动

C.不移动

【答案】A

10.置换固溶体中原子扩散机制是( )。[南方科技大学·2022]

A.空位扩散　　　B.间隙扩散　　　C.交换机制　　　D.挤列

【答案】A

11.下列扩散速度最快的是( )。[华中科技大学·2018]

A.晶界扩散   B.晶内扩散   C.表面扩散

【答案】C

【解析】考查扩散。扩散系数的排序为 $D_{表面} > D_{晶界} > D_{晶内}$。

12.扩散时浓度发生了变化,则( )。[东南大学·2022]

    A.一定发生置换扩散   B.一定发生间隙扩散

    C.一定存在化学势梯度   D.一定存在浓度梯度

【答案】C

【解析】考查扩散热力学。扩散时浓度变化,不一定代表有浓度梯度,真正的驱动力是化学势梯度。

13.关于菲克第一定律,下列说法正确的是( )。[东南大学·2022]

    A.扩散方向一定与浓度方向相反   B.扩散方向一定与浓度方向相同

    C.浓度一定不发生变化   D.一定温度下材料的扩散系数是常数

【答案】D

【解析】考查扩散系数。材料的扩散系数一般是固定的。

14.下列相变属于上坡扩散的是( )。[东南大学·2022]

    A.调幅分解   B.马氏体相变   C.贝氏体相变   D.沉淀相变

【答案】A

【解析】考查上坡扩散。固态相变中调幅分解是上坡扩散。

15.下列元素在 $\gamma-Fe$ 中扩散激活能最小的是( )。[东南大学·2021]

    A. C   B. Cr   C. Ni   D. Mn

【答案】A

16.不通过原子扩散的转变是( )。[东南大学·2021]

    A.奥氏体转变   B.马氏体转变

    C.奥氏体析出二次渗碳体   D.调幅分解

【答案】B

17.上坡扩散指( )。[东南大学·2021]

    A.低浓度向高浓度的扩散   B.高浓度向低浓度的扩散

    C.低化学势向高化学势的扩散   D.以上都不对

【答案】A

18.A和A-B合金焊合后发生柯肯达尔效应,测得界面向A试样方向移动,则( )。[东南大学·2016]

    A. A组元扩散速度大于B组元   B. A组元扩散速度小于B组元

    C. A,B两组元扩散速度相同   D.以上都不对

【答案】A

19. 在多晶体和合金中, 原子扩散激活能有(   )。[东南大学·2016]

    A. $Q_{体积} > Q_{晶界} > Q_{表面}$ B. $Q_{表面} > Q_{体积} > Q_{晶界}$

    C. $Q_{表面} > Q_{晶界} > Q_{体积}$ D. $Q_{体积} > Q_{表面} > Q_{晶界}$

    【答案】A

20. 下列过程中一定不会发生反应扩散的是(   )。[东南大学·2015]

    A. 钢的氧化   B. 纯铁渗氮过程

    C. 镍扩散到铜中形成单相固溶体   D. 纯铁渗碳过程

    【答案】C

    【解析】不发生反应扩散, 即不生成新相。

21. 下列系统中不可能发生柯肯达尔效应的是(   )。[东南大学·2014]

    A. Fe-Ni   B. Fe-Cr   C. Fe-C   D. Cu-Ni

    【答案】C

22. 柯肯达尔效应中发生点阵平面迁移的原因是(   )。[东南大学·2012]

    A. 只有一种原子发生了扩散   B. 发生了间隙扩散

    C. 两种原子的体积不同   D. 两种原子的扩散速度不同

    【答案】D

23. 材料中能发生扩散的根本原因是(   )。[西南交通大学·2013]

    A. 温度的变化   B. 存在浓度梯度   C. 存在化学势梯度   D. 以上都对

    【答案】C

24. 下列发生了上坡扩散转变过程的是(   )。[东南大学·2012]

    A. 脱溶转变   B. 有序化转变   C. 块状转变   D. 调幅分解

    【答案】D

25. 在 A, B 两组元组成的扩散偶中, 如果发生(   )。[东南大学·2011]

    A. 间隙扩散, 则 A 和 B 两种原子都会发生定向迁移(扩散)

    B. 空位扩散, 则只有一种原子会发生定向迁移(扩散)

    C. 置换扩散, 则一定存在空位扩散

    D. 置换扩散, 则一定发生点阵平面迁移

    【答案】C

26. 关于固体原子的扩散, 下列说法正确的是(   )。[东南大学·2010]

    A. 晶体的致密度越高, 扩散系数越大

    B. 晶体缺陷会导致扩散激活能增加, 影响扩散系数

    C. 发生柯肯达尔效应时, 空位浓度增加, 导致点阵平面迁移

D.置换扩散和间隙扩散相比,后者的扩散速度较快

【答案】D

27.影响扩散的因素包括(　　)。[上海科技大学·2022]

　　A.温度　　　　　　　B.固溶体类型　　　　　C.以上都是

【答案】C

【解析】考查影响扩散的因素。

①温度:影响扩散速度的主要因素,温度越高,原子热激活能越大,扩散系数越大。

②固溶体类型:不同类型的固溶体,原子的扩散机制是不同的。间隙固溶体中溶质原子的扩散速度要高于置换固溶体中溶质原子的扩散速度。

③晶体结构:对扩散的影响主要体现在三方面。

第一,溶质在致密度低的晶体中的扩散速度大于在致密度高的晶体中的扩散速度;

第二,固溶体溶解度大,有利于促进扩散;

第三,晶体的对称性越低,扩散各向异性越显著。

④晶体缺陷:晶界、表面和位错等晶体缺陷对扩散起着快速通道的作用,这是由于晶体缺陷处点阵畸变较大,原子处于较高的能量状态,易于跃迁,故扩散激活能较小。

⑤化学成分:不同金属的自扩散激活能与熔点、熔化潜热、体积膨胀或压缩系数相关,熔点高的金属的自扩散激活能大。扩散系数也与溶质的浓度有关。此外,第三组元可能提高也可能降低二元合金原子的扩散速度,或者几乎无作用,应特别注意第三组元引起的上坡扩散。

⑥应力的作用:会使扩散方向或者速度等发生变化。

28.下列二元系中不可能发生柯肯达尔效应的是(　　)。[东南大学·2008]

　　A.Al-Cu系　　　　B.Fe-Ni系　　　　　C.Fe-N系　　　　　D.Cu-Ni系

【答案】C

29.下列有关固体中扩散的说法,正确的是(　　)。[东南大学·2006]

　　A.原子扩散的驱动力是存在着浓度梯度

　　B.空位扩散是指间隙固溶体中溶质原子从一个间隙跳到另一个间隙

　　C.晶界上点阵畸变较大,因而原子迁移阻力较大,所以比晶内的扩散系数要小

　　D.成分均匀的材料中也存在着扩散

【答案】D

30.决定扩散的根本因素是(　　)。[厦门大学·2020]

　　A.晶体结构　　　　　B.浓度　　　　　　C.化学势梯度　　　　D.原子尺寸

【答案】C

31. 温度会影响扩散速度, 温度越高, 扩散系数(　　)。[上海科技大学·2023]

    A. 越小　　　　　　　B. 越大　　　　　　　C. 不变

    【答案】B

32. 扩散系数 D 的单位为(　　)。[国防科技大学·2016]

    A. $g/(m^3 \cdot s)$　　　　B. g/m^3　　　　　　C. $g/(m^2 \cdot s)$　　　　D. m^2/s

    【答案】D

33. 由浓度梯度引起的扩散称为(　　)。[国防科技大学·2016]

    A. 浓度扩散　　　　　B. 化学扩散　　　　　C. 稳态扩散　　　　　D. 非稳态扩散

    【答案】C

34. 原子扩散的驱动力是(　　)。[国防科技大学·2016]

    A. 组元的浓度梯度

    B. 组元的化学势梯度

    C. 组元的化学势

    【答案】B

35. 材料发生扩散的根本原因是(　　)。[上海交通大学·2024]

    A. 浓度梯度　　　　　　　　　　B. 温度梯度

    C. 化学势梯度　　　　　　　　　D. 都不是

    【答案】C

    【解析】化学势梯度是扩散的本质。

36. 等温扩散时, 扩散距离与(　　)成正比。[上海交通大学·2024]

    A. 时间的平方　　　　　　　　　B. 时间

    C. 时间的立方根　　　　　　　　D. 时间的平方根

    【答案】D

    【解析】距离 d 增加 n 倍, 时间要增加 n^2 倍。

37. 关于柯肯达尔效应, 下列说法正确的是(　　)。[上海交通大学·2024]

    A. 标记面往扩散快的一侧漂移

    B. 标记面往扩散慢的一侧漂移

    C. 空位迁移与界面移动方向一致

    D. 间隙扩散可以形成柯肯达尔效应

    【答案】A

    【解析】扩散快的一侧原子损失多, 标记面往那边移动。

38.高分子玻璃态主要是(   )可以运动导致的。[上海交通大学·2024]

    A.链节   B.链段   C.分子链   D.以上均可

【答案】A

【解析】玻璃态是链节可以动, 但是链段不可以动, 分子链更不可以动。

第五章　材料的变形和再结晶

一、判断题

1. 若晶体在两个滑移系之间能实现交滑移,则这两个滑移系的滑移面相同,滑移方向不同。(　　　)
[北京工业大学·2017]

2. 晶体中的滑移系越少,屈服强度越高。(　　　)[北京理工大学·2018]

3. 材料受力时,总是先发生弹性变形,然后才发生塑性变形。(　　　)[中国海洋大学·2020]

4. 根据施密特定律,晶体滑移面平行于拉力轴时最容易产生滑移。(　　　)[北京工业大学·2008]

5. 晶态金属的弹性变形也会在其表面形成台阶,只不过变形恢复后,台阶也随之消失。(　　　)[西安交通大学·2012]

6. 因为单晶体是各向异性的,所以实际应用中的金属材料在各个方向上的性能也不同。(　　　)[太原理工大学·2020]

7. 位错滑移阻力要比其攀移阻力大。(　　　)[中国科学技术大学·2020]

8. 单晶体不可能形成织构。(　　　)[西安交通大学·2012]

9. 单晶体的临界分切应力与外力对于滑移系的取向有关。(　　　)[中国矿业大学(徐州)·2012]

10. 多晶体先滑移再孪生,滑移先发生在密排面。(　　　)[中国海洋大学·2022]

11. 多晶材料中,晶粒越细小,材料的强度越高,塑性越好,导电性也越高。(　　　)[暨南大学·2021]

12. 层错能越大,位错宽度越大。(　　　)[大连理工大学·2021]

13. 晶格滑移变形是材料塑性变形最主要的方式。(　　　)[中国科学技术大学·2020]

14. 塑性变形与变形速率无关。(　　　)[中国科学技术大学·2015]

15. 在金属的强化中,强度的提高总是伴随着塑性的降低。(　　　)[大连理工大学·2003]

16. 一般的强化手段往往会使金属脆性增加,而细化晶粒不但可以提高强度,而且还可以提高韧性,因此,细化晶粒是使金属材料韧化增强的一个好办法。(　　　)[四川大学·2015]

17. 晶体滑移的临界分切应力的大小取决于该晶体的滑移系与拉力轴的相对取向。(　　　)[大连理工大学·2003]

18. 金属发生塑性变形时,外形及晶粒形状均发生变化。(　　　)[大连理工大学·2005]

19. 低碳钢试样在拉伸加载-卸载过程中产生的应变时效不会改变钢的屈服强度。(　　　)[大连理工大学·2023]

20. 金属加工硬化的主要原因是变形金属中位错密度增大以致缠结,阻碍位错的运动,使金属强度升高,故金属中无位错时,强度最低。(　　　)[哈尔滨工业大学·2010]

21. 加工硬化是由运动的位错之间相互交割,从而使其进一步运动困难而引起的。(　　　)[大连

理工大学·2005]

22. 滑移变形不会引起晶格位向改变, 而孪生变形则会引起晶格位向改变。(　　)[重庆大学·2020]

23. 滑移带和吕德斯带性质相同。(　　)[大连理工大学·2022]

24. 宏观内应力是由塑性变形时, 工件各部分之间的变形不均匀产生的。(　　)[哈尔滨工业大学·2012]

25. 微观内应力是由塑性变形时, 工件各部分之间的变形不均匀产生的。(　　)[哈尔滨工业大学·2006]

26. 由于堆垛层错不会在晶体内产生点阵畸变, 因此不增加晶体的能量。(　　)[哈尔滨工业大学·2006]

27. 宏观残余应力可以通过退火消除。(　　)[太原理工大学·2022]

28. 冷变形金属在回复时, 显微组织不发生变化, 但晶体缺陷浓度和它们的分布有所改变。(　　)[中国矿业大学(徐州)·2015]

29. 冷变形金属去应力退火后, 电阻和强度都会大幅下降。(　　)[大连理工大学·2023]

30. 回复、再结晶及晶粒长大三个过程均是形核及核长大过程, 其驱动力均为变形储存能。(　　)[上海理工大学·2018]

31. 为了消除加工硬化, 以便进一步加工, 常对冷加工后的金属进行去应力退火。(　　)[重庆大学·2015]

32. 经过冷变形后再结晶退火的金属, 晶粒都可得到细化。(　　)[四川大学·2008]

33. 回复不能使金属性能恢复到冷变形前的水平。(　　)[天津理工大学·2013]

34. 金属铸件可以通过再结晶退火来达到细化晶粒的目的。(　　)[哈尔滨工业大学·2007]

35. 再结晶退火可有效消除冷变形区的内应力。(　　)[哈尔滨工业大学·2017]

36. 冷变形金属构件再结晶退火处理后, 其晶粒形态和晶格类型均发生变化。(　　)[哈尔滨工业大学·2010]

37. 因为再结晶不是相变, 所以它不包括形核和核长大过程。(　　)[天津理工大学·2013]

38. 固溶体合金经过冷变形后, 若原始晶粒越细小, 则再结晶温度就越低。(　　)[大连理工大学·2020]

39. 金属材料预先变形程度越大, 其再结晶温度越高。(　　)[大连理工大学·2005]

40. 形变织构和再结晶织构都会使金属材料具有各向异性。(　　)[四川大学·2009]

41. 二次再结晶是大晶粒吞噬小晶粒的过程。(　　)[大连理工大学·2021]

42. 形变织构是其塑性变形时形成的流线导致的。(　　)[北京理工大学·2022]

43. 金属的热加工和冷加工是根据其加热温度决定的。(　　)[西安交通大学·2023]

44. 动态再结晶仅发生在热变形状态, 因此室温下变形的金属不会发生动态再结晶。(　　)[湖南大学·2015]

45.在室温下对金属进行的塑性加工为冷加工,加热到室温以上对金属进行的塑性加工是热加工。
（　　　）[华中科技大学·2018]

46.冷变形态铝组织的再结晶温度为 $T_R = 0.4T_m = 0.4 \times 660\,^\circ\text{C} = 264\,^\circ\text{C}$。（　　　）[哈尔滨工业大学·2008]

47.蠕变量是时间和应变的函数。（　　　）[北京理工大学·2018]

48.材料中的玻璃相有利于其高温蠕变性能。（　　　）[中国科学技术大学·2012]

49.金属的超塑性变形的机制是扩散协助下的晶界滑动和晶粒转动。（　　　）[西安交通大学·2012]

50.高聚物的结晶度增加,其与链运动有关的性能,如弹性、伸长率则提高。（　　　）[太原理工大学·2013]

51.高聚物的结晶度越高,其弹性、塑性越好。（　　　）[太原理工大学·2009]

52.金属材料的弹性展现为熵弹性,即温度越高,熵越高,弹性模量下降。（　　　）[北京理工大学·2022]

53.高聚物材料中,大分子链上极性部分越多,极性越强,材料强度越大。（　　　）[北京工业大学·2007]

54.晶体中有些滑移系与外力的取向接近45°,称为软取向。（　　　）[北京工业大学·2025]

55.再结晶和晶粒长大过程都涉及大角度晶界迁移,其驱动力相同。（　　　）[清华大学·2025]

56.以界面能降低为晶粒长大驱动力时,晶界迁移总是向着晶界曲率中心方向。（　　　）[北京工业大学·2008]

二、填空题

1.金属的塑性变形方式有_____、_____。[中国海洋大学·2022]

2.多晶体塑性变形主要有_____和_____。[天津大学·2015]

3.冷变形加工的金属,组织变化的状态有_____、_____、_____。[中国海洋大学·2022]

4.对于多晶体而言,要求每个晶粒至少具备_____个独立的滑移系才能满足各晶粒变形时相互协调的要求。[国防科技大学·2012]

5.多晶体塑性变形时,晶界的作用包括_____、_____和_____。[天津理工大学·2009]

6.金属在塑性变形时,外力所做的功将有一小部分保留在金属内部形成_____和_____。[天津大学·2013]

7.由于塑性变形的结果而使晶粒具有择优取向的组织称为_____。[天津大学·2006]

8.金属发生塑性变形时,滑移面和滑移方向往往是金属晶体中的_____、_____;一个滑移面上的一个_____称为一个滑移系。一个滑移系能否发生滑移取决于作用于该滑移系的_____是否达

到临界值。[贵州大学·2014]

9.随着变形的增加,其强度_____,这种现象称为_____。[南方科技大学·2022]

10.在材料力学中,切应力与其对应的切应变的比值是_____。[天津大学·2012]

11.金属板材深冲时,制耳是由_____造成的。[郑州大学·2019]

12.在FCC、BCC、HCP三种晶体材料中,_____的滑移系最多;_____最容易变形,原因是_____;塑性变形时,易产生孪晶的是_____。[天津理工大学·2009]

13.金属材料常用的强化手段有_____、_____、_____和_____。[北方工业大学·2002]

14.加工硬化是一种重要的强化手段,但其缺点是材料在_____情况下不适用。[四川大学·2010]

15.冷加工态的工业纯铝的再结晶温度为150 ℃,若将一铝薄带加热至100 ℃,保温1天冷至室温,其强度略有降低的原因是_____。[贵州大学·2014]

16.多晶铁试样的拉伸结果表明:高温拉伸时,晶界强度_____晶内强度;而室温拉伸时,晶界强度_____晶内强度。鉴于此,高温工作的金属部件应适当_____晶粒度。[贵州大学·2013]

17.同等条件下,金属冷变形量越大,再结晶形成的平均晶粒尺寸越_____。[北京理工大学·2021]

18.在温度和变形保持不变的情况下,高聚物内部的应力随时间增加而逐渐衰减的现象称作_____,高聚物在交变应力作用下,变形落后于应力变化的现象称为_____。[东华大学·2023]

19.金属经冷塑性变形后,其强度和硬度_____,塑性和韧性_____,这种现象称为_____强化或_____;对于经过预先冷塑性变形的金属,在进一步冷塑性变形前应进行退火,以提高其_____,退火温度为_____;而对于冷加工成形的零构件,成形后应及时进行_____退火,以去除_____,防止零构件在使用中_____或_____。[西安交通大学·2004]

20.材料断裂按断裂前塑性变形的大小,分为_____、_____。[太原理工大学·2017]

21.冷变形金属在加热时的三个阶段:_____、_____、_____。[天津理工大学·2014]

22.金属中的再结晶指的是当变形金属加热到较高温度时,通过重新的_____,只变成_____的晶粒,但是再结晶_____相变。[东华大学·2014]

23.金属在冷变形过程后进行机加工,一般都需要在其中增加退火,其目的是_____。[郑州大学·2021]

24.工业金属不能在_____变形度进行变形,否则会使再结晶后的晶粒_____,力学性能_____。[郑州大学·2013]

25.回复和再结晶的驱动力是_____,晶粒长大的驱动力是_____。[中国海洋大学·2019]

26.再结晶后晶粒的大小主要取决于_____和_____。[天津大学·2015]

27.再结晶完成后,晶粒长大可分为_____晶粒长大和_____。[西南交通大学·2015]

28.在金属学中,冷加工与热加工的界限是以_____来划分的,因此Cu(熔点为1 084 ℃)在室温下的变形加工称为_____加工,Sn(熔点为232 ℃)在室温下的变形加工称为_____加工。[太原理工大学·2012]

29. 细化晶粒可_____抗蠕变性能。[北京理工大学·2019]

30. 蠕变的速度随温度升高而_____。[南方科技大学·2022]

31. 相同条件下, 单晶金属具有比多晶金属更_____的抗蠕变能力。[北京理工大学·2020]

32. 晶体中, 施密特因子大的滑移系取向称为_____, 在应力作用下, 该滑移系更_____发生滑移。[北京理工大学·2020]

33. 发生超塑性的三个条件为_____、_____、_____。[北京理工大学·2022]

34. 按超塑性广义的物理冶金的机制, 超塑性可以分为_____、_____。[天津大学·2022]

三、选择题

1. 下列说法错误的是(   )。[上海交通大学·2022]

   A. 弹性模量反映原子间的结合力, 是组织结构不敏感参数

   B. 沿原子最密排晶向的弹性模量最大

   C. 材料首先要产生弹性变形, 才能产生塑性变形

   D. 工程上常将弹性模量作为材料刚度的度量

2. 高温下, 弹性模量高的金属与弹性模量低的金属相比, (   )。[北京理工大学·2022]

   A. 更容易发生蠕变   B. 更不容易发生蠕变

   C. 发生蠕变的倾向相同   D. 以上都不对

3. 下列关于金属弹性变形的说法, 错误的是(   )。[上海交通大学·2019]

   A. 金属弹性变形可逆, 去掉外应力, 弹性变形即消失

   B. 应力与应变之间呈线性关系

   C. 单晶体的弹性模量是各向异性

   D. 弹性变形量的数值一般都较大

4. 低碳钢拉伸时出现屈服现象的主要原因是(   )。[河北工业大学·2013]

   A. 发生了多系滑移   B. 碳原子气团钉扎位错

   C. 扩展位错的交滑移   D. 晶粒沿界面滑动

5. 多晶体在室温下的塑性变形机制有(   )。[华中科技大学·2022]

   A. 滑移、孪生、晶界迁移   B. 滑移、孪生、蠕变

   C. 滑移、孪生、攀移   D. 滑移、孪生、扭折

6. 材料在弹性变形时, 加载与卸载不重合、应力与应变不同步等现象统称为弹性不完整性, 下列选项不属于弹性不完整性的是(   )。[河北工业大学·2023]

   A. 滞弹性   B. 弹性后效

   C. 应变时效   D. 包申格效应

7.下列说法错误的是(　　)。[北京理工大学·2021]

A.弹性滞后越大的材料,抗震阻尼性能越好

B.黏弹性变形可逆

C.弹性滞后属于弹性不完整性

D.黏弹性变形存在能量消耗

8.单晶体的临界分切应力与(　　)有关。[上海交通大学·2010]

A.外力相对于滑移系的取向

B.金属的类型

C.拉伸的屈服应力

9.体心立方晶格金属与密排六方晶格金属在塑性上的差别主要是由于两者的(　　)。[太原理工大学·2013]

A.滑移系数量不同　　　　　　　　B.滑移面和滑移方向的指数不同

C.致密度不同　　　　　　　　　　D.体积不同

10.在添加一个组元之后,引起位错宽度增加,则加入的材料可能使得其(　　)。[上海交通大学·2021]

A.层错能增加　　　B.层错能减少　　　C.孪晶能增加　　　D.孪晶能减少

11.某FCC单晶体塑性变形时出现两组平行的交叉滑移线,则塑性变形属于(　　)。[东南大学·2019]

A.易滑移阶段　　　B.线性硬化阶段　　　C.动态回复阶段　　　D.抛物线硬化阶段

12.单晶体在塑性变形过程中发生晶面转动,是因为随着滑移的进行,(　　)。[东南大学·2012]

A.滑移方向发生变化　　　　　　　B.滑移面发生变化

C.外力会分解,从而产生力偶　　　D.发生了交滑移

13.多晶体塑性变形至少需要(　　)个独立的滑移系。[天津大学·2021]

A.5　　　　　　B.2　　　　　　C.3　　　　　　D.6

14.金属镁的单晶体处于软取向时,塑性变形量可达100%~200%,但其多晶体的塑性很差,其主要原因是(　　)。[四川大学·2009]

A.镁多晶体晶粒通常较粗大　　　　B.镁多晶体通常存在裂纹

C.镁滑移系通常较少　　　　　　　D.以上都不对

15.(　　),位错滑移的派–纳力越小。[华中科技大学·2007]

A.位错宽度越大

B.滑移方向上的原子间距越大

C.相邻位错的距离越大

16. 不易产生交滑移的晶体结构为( )。[深圳大学·2011]

    A.密排六方   B.体心立方   C.面心立方

17. 孪晶最不可能在( )过程下发生。[华中科技大学·2023]

    A.冲压   B.铸造   C.渗碳   D.气相沉积

18. 固溶强化是由于固溶体微观结构中存在( )。[河北工业大学·2023]

    A.柯氏气团   B.面角位错   C.间隙原子   D.弗兰克位错

19. 固溶强化使金属强度和硬度升高, 其原因是( )。[苏州大学·2018]

    A.溶剂原子的溶入使固溶体的晶格发生畸变, 阻碍位错的运动; 溶剂原子常常被吸附在位错线的附近, 降低了位错的能量状态

    B.相似尺寸溶质原子的溶入维持溶体的晶格不变, 不产生阻碍位错的运动

    C.溶质原子常常被吸附在位错线的附近, 提高了位错的能量状态

    D.溶质原子的溶入使固溶体的晶格发生畸变, 阻碍位错的运动; 溶质原子常常被吸附在位错线的附近, 降低了位错的能量状态

20. 实际金属在不同方向并不会出现差异, 这是因为( )。[华中科技大学·2005]

    A.晶体不同方向性能相同   B.晶体的各向异性现在测量不出

    C.金属材料不是晶体   D.大量粒子随机取向掩盖了各向异性

21. 对材料细化晶粒, 可以使材料的常温( )。[河北工业大学·2023]

    A.强度、硬度增大, 塑性、韧性降低   B.强度降低, 硬度升高, 塑性、韧性降低

    C.强度、硬度增大, 塑性、韧性升高   D.强度增大, 硬度降低, 塑性、韧性降低

22. 晶粒细化可使材料强度提高, 是因为( )。[苏州大学·2010]

    A.晶界是位错运动的障碍, 材料的晶粒越细, 阻碍作用越弱

    B.晶界是位错运动的障碍, 材料的晶粒越细, 阻碍作用越强

    C.晶界是位错运动的障碍, 但材料晶粒细度不影响阻碍作用强度

    D.晶界是位错运动的障碍, 阻碍越少, 材料强度越高

23. 下列关于层错能的说法, 错误的是( )。[上海交通大学·2013]

    A.层错能越高, 则不全位错宽度越窄   B.层错能越高的晶体越易形成胞状亚结构

    C.层错能高的金属易发生动态再结晶   D.以上均不对

24. 可以使金属产生塑性变形的力是( )。[哈尔滨工业大学·2009]

    A.拉应力   B.压应力   C.切应力   D.正应力

25. 既能提高金属的强度, 又不降低其塑性的强化手段是( )。[国防科技大学·2017]

    A.塑性变形   B.添加合金元素

    C.细化晶粒组织   D.加入硬质点

26.塑性变形中产生的滑移面和滑移方向是(　　)。[东南大学·2022]

　　A.晶体中原子密度最大的面和原子间距最短的方向

　　B.晶体中原子密度最大的面和原子间距最长的方向

　　C.晶体中原子密度最小的面和原子间距最短的方向

　　D.晶体中原子密度最小的面和原子间距最长的方向

27.塑性变形主要来自(　　)。[东南大学·2022]

　　A.滑移　　　　　　　B.孪生　　　　　　　C.扭折　　　　　　　D.弯折

28.金属晶体的塑性变形是通过(　　)运动实现的。[上海科技大学·2023]

　　A.空位　　　　　　　B.间隙原子　　　　　C.位错

29.在大塑性变形条件下,金属中可能产生(　　)。[上海交通大学·2014]

　　A.大量空位　　　　B.位错攀移　　　　C.位错缠结　　　　D.位错网络

30.金属材料在塑性变形后,晶粒由等轴变成纤维状,晶体缺陷密度增加,强度、硬度升高,而塑性、韧性(　　)。[太原理工大学·2017]

　　A.升高　　　　　　　B.降低　　　　　　　C.无影响　　　　　D.先升高后降低

31.以下关于滑移的正确表述是(　　)。[华中科技大学·2021]

　　A.滑移不改变晶体结构,但改变晶体位向

　　B.滑移不改变晶体位向,但改变晶体结构

　　C.滑移既不改变晶体结构,也不改变晶体位向

32.塑性变形时,最容易形成孪晶的是(　　)。[华中科技大学·2012]

　　A.HCP　　　　　　　B.FCC　　　　　　　C.BCC

33.低碳钢在塑性变形时,会出现上下屈服点和屈服平台,原因是(　　)。[东南大学·2021]

　　A.位错交滑移　　　　　　　　　　B.位错切过颗粒

　　C.位错与柯式气团的钉扎作用　　　D.位错的绕过作用

34.强化金属材料的各种手段的出发点都在于(　　)。[四川大学·2009]

　　A.制造无缺陷的晶体或设置位错运动的阻碍

　　B.使位错增殖

　　C.使位错适当地减少

35.以下不是高聚物变形特点的是(　　)。[中山大学·2023]

　　A.弹性和塑性　　　B.高弹性　　　　　C.黏弹性　　　　　D.变形依靠位错滑移

36.低碳钢的应变时效可以用(　　)理论解释。[上海交通大学·2013]

　　A.固溶强化　　　　B.柯氏气团　　　　C.滞弹性

37.杂质的存在一般对晶界迁移的影响是(　　)。[上海交通大学·2013]

　　A.阻碍晶界迁移　　B.促进晶界迁移　　C.影响不确定

38.某金属的晶粒细化后可提高该金属的(　　)。[上海交通大学·2013]

　　A.屈服强度　　　　　　　B.抗拉强度　　　　　　C.断裂强度

39.多金属材料经拉伸后,(　　)显著提高。[上海交通大学·2013]

　　A.晶粒尺寸　　　　　B.空位浓度　　　　　C.位错密度　　　　　D.塑性

40.金属在室温下发生塑性变形后,力学强度提高的主要原因是(　　)。[上海理工大学·2022]

　　A.形变织构的形成

　　B.位错密度的增加及相互缠绕产生的钉扎作用

　　C.晶粒取向的变化

　　D.黏弹性

41.金属经冷塑性变形后,其强度和硬度(　　),塑性和韧性(　　),这种现象称为(　　)强化或加工硬化。[上海理工大学·2019]

　　A.升高;升高;形变　　B.升高;下降;形变　　C.下降;下降;形变　　D.升高;下降;弥散

42.(多选)下列说法正确的是(　　)。[哈尔滨工业大学·2023]

　　A.塑性变形后,随着变形度的增加,原来的等轴晶粒将沿其变形方向伸长

　　B.加工硬化可使材料的强度和塑性均提高

　　C.多晶体的应力应变曲线不会出现单晶曲线的第Ⅰ阶段

　　D.再结晶是固态相变过程

43.在下列的材料强化机制中,可以通过合理的人工时效处理实现的是(　　)。[中国海洋大学·2019]

　　A.第二相强化　　　　　B.细晶强化　　　　　　C.加工硬化　　　　　D.固溶强化

44.(多选)塑性变形后的金属随加热温度的升高和时间的延长,可能发生(　　)。[哈尔滨工业大学·2012]

　　A.显微组织依次发生回复、再结晶和晶粒长大三个阶段

　　B.组织由缺陷密度较高的纤维形态转变为缺陷密度较低的等轴晶粒

　　C.内应力松弛或被消除,应力腐蚀倾向显著减小

　　D.强度、硬度下降,塑性、韧性提高

45.冷变形使金属中产生大量的空位、位错等晶体缺陷,对置换固溶体中的扩散而言,这些缺陷的存在将(　　)。[上海理工大学·2022]

　　A.阻碍原子的移动,减慢扩散过程　　　　　　B.对扩散过程无影响

　　C.加速原子的扩散过程　　　　　　　　　　　D.使原子扩散速度先增加后减小

46.易发生孪生材料中,其层错能更(　　)。[北京理工大学·2022]

　　A.低　　　　　　　　　B.高　　　　　　　　　C.无法确定

47.塑性变形时,纯金属各晶粒间变形量不均匀主要源于(　　)。[北京理工大学·2022]

　　A.各晶粒大小不同　　　　　　　　　　　B.各晶粒晶体学空间取向不同

C.各晶粒中滑移系数量不同　　　　　　　　D.晶粒分切应力不同

48.下列说法正确的是(　　)。[北京理工大学·2020]

A.金属的扩散系数越大,抗蠕变性能越差

B.金属熔点越高,抗蠕变性能越差

C.晶粒越细小,抗蠕变性能越好

D.以上均不正确

49.要对陶瓷进行纤维增韧的原因是(　　)。[苏州大学·2020]

A.陶瓷材料的高温力学性能、抗粒子冲刷性能、耐磨性能好

B.纤维可以改善陶瓷低温性能差的缺陷

C.陶瓷材料脆性高,不能承受剧烈的机械冲击和热冲击

D.需要进一步提高陶瓷的强度和模量

50.冷变形金属在退火时经历三个阶段,下列(　　)过程中材料的强度和硬度发生显著变化。[上海理工大学·2021]

A.再结晶　　　　　　　B.回复　　　　　　　C.晶粒长大

51.经塑性变形后的金属在高温热处理过程中发生了回复、再结晶、晶粒长大及二次再结晶过程,它们的驱动力分别为(　　)。[东南大学·2014]

A.前两者来源于变形储存能,后两者来源于晶界能

B.前两者来源于晶界能,后两者来源于变形储存能

C.均来源于外部加热的能量

D.前三者来源于形变储存能,最后者来源于晶界能

52.冷变形金属的中温回复机制是(　　)。[华中科技大学·2022]

A.点缺陷的迁移　　　B.位错滑移　　　　C.攀移

53.回复后空位浓度(　　)。[长安大学·2017]

A.显著降低　　　　　B.升高　　　　　　C.先下降再升高　　　　D.不变

54.再结晶(　　)。[长安大学·2017]

A.可在任意变形度下进行

B.晶粒大小主要取决于变形量

C.室温下不能发生

55.变形后的材料在低温回复阶段,其内部组织发生的显著变化是(　　)。[深圳大学·2011]

A.点缺陷明显下降　　　　　　　　B.形成亚晶界

C.位错重新运动和分布　　　　　　D.位错攀移

56.下列过程与晶体中空位迁移过程关系不大的是(　　)。[中国矿业大学(徐州)·2009]

A.变形孪晶　　　　B.回复　　　　　C.位错攀移　　　　D.再结晶

57. 可能导致塑性变形后金属中出现多边化过程及亚晶的是(　　)。[东南大学·2014]

    A. 高温回复   B. 再结晶

    C. 位错切过第二相   D. 固溶体无序 – 有序转变

58. 下列不属于回复过程中性能变化的是(　　)。[上海交通大学·2021]

    A. 点缺陷浓度显著下降   B. 内应力完全消除

    C. 硬度、强度略微下降   D. 电阻率显著下降

59. 冷变形金属在回复阶段可消除(　　)。[上海交通大学·2007]

    A. 微观内应力   B. 宏观内应力

    C. 宏观内应力和微观内应力   D. 晶格畸变

60. 某黄铜工件断裂, 经分析, 是由于该工件锻压成型后存在较大的宏观残余应力, 应如何改善?

    (　　)[上海交通大学·2019]

    A. 冷变形处理   B. 热加工处理   C. 再结晶处理   D. 回复处理

61. 变形后的材料在低温回复阶段时, 其内部组织发生显著变化的是(　　)。[华中科技大学·2006]

    A. 点缺陷的明显下降   B. 形成亚晶界   C. 位错重新运动和分布

62. 金属材料区别于其他材料的典型特征是(　　)。[华中科技大学·2004]

    A. 良好的导电性   B. 良好的塑性可变形

    C. 随温度升高电阻增加   D. 随温度升高电阻降低

63. 黄铜在经过塑性变形后易发生应力腐蚀, 需在保持一定的硬度条件下消除宏观残余应力, 可采

    用(　　)。[东南大学·2013]

    A. 退火回复   B. 退火再结晶

    C. 应变时效   D. 加大变形量

64. 回复和再结晶是经冷塑性变形晶体在加热时发生的涉及组织与性能的变化, 其主要区别是

    (　　)。[东南大学·2019]

    A. 回复是由变形储存能驱动的, 再结晶是由界面能驱动的

    B. 再结晶是一个形核长大的过程, 而回复不是

    C. 材料性能在回复时不会发生变化, 而经再结晶后变化明显

    D. 回复过程需要一个孕育期, 而再结晶过程在加热后立刻开始

65. 若要通过变形和再结晶方法获得细晶粒组织, 应避免(　　)。[东南大学·2019]

    A. 在临界变形量处进行塑性变形加工   B. 大变形量

    C. 较长的退火时间   D. 较高的退火温度

66. 加工硬化是一种有效的强化手段, 其缺点是(　　)。[四川大学·2009]

    A. 只适用于双相材料   B. 材料在高温下不适用

C.只适用于单晶体 D.只适用于纯金属

67.要使再结晶的晶粒尺寸减小,应当( )。[上海交通大学·2020]

　　A.提高形核率N 　　B.降低形核率N 　　C.提高长大速率G 　　D.提高温度T

68.关于回复与再结晶,正确的是( )。[上海交通大学·2019]

　　A.回复不需要孕育能,再结晶需要孕育能

　　B.回复不需要激活能,再结晶需要激活能

　　C.都需要孕育能

　　D.回复不能降低变形态的应变能,再结晶能降低变形态的应变能

69.再结晶晶核长大和再结晶晶粒长大的驱动力分别是( )。[上海理工大学·2019]

　　A.变形储存能的升高;总晶界能的升高

　　B.变形储存能的升高;总晶界能的降低

　　C.变形储存能的降低;总晶界能的升高

　　D.变形储存能的降低;总晶界能的降低

70.金属材料再结晶的标志为( )。[华中科技大学·2023]

　　A.多边化过程 　　B.新的等轴无畸变晶粒取代变形组织

　　C.缺陷密度大大降低 　　D.宏观应力消除

71.不能使冷变形金属再结晶速率增大的因素是( )。[华中科技大学·2021]

　　A.变形程度 　　B.退火温度 　　C.退火时间 　　D.晶粒大小

72.在室温下,把铁丝反复折弯,会越弯越硬,直到断裂;而铅丝在反复折弯下,却总是处于软态,
其原因是( )。[华中科技大学·2009]

　　A.在室温下铁发生加工硬化,不发生再结晶;铅不发生加工硬化,也不发生再结晶

　　B.在室温下铁发生加工硬化,发生再结晶;铅发生加工硬化,不发生再结晶

　　C.在室温下铁发生加工硬化,不发生再结晶;铅发生加工硬化,发生再结晶

　　D.在室温下铁发生加工硬化,不发生再结晶;铅发生加工硬化,不发生再结晶

73.某工厂用一根冷拉钢丝绳吊装一个大型工件进入热处理炉,并随工件一起加热到860 ℃保温,
当出炉后再次吊装工件时,钢丝绳发生断裂,原因是( )。[华中科技大学·2011]

　　A.发生固态相变 　　B.发生再结晶 　　C.发生回复 　　D.发生加工硬化

74.材料常用的加工方式再结晶的优点是( )。[苏州大学·2020]

　　A.发生了相的变化 　　B.再生出大晶粒

　　C.发生形核和晶核长大 　　D.系统低能转化为高能

75.再结晶与重结晶都经历了形核与长大两个阶段,但再结晶前后晶粒( )。[太原理工大学·
2018]

　　A.晶格类型与化学成分都改变 　　B.晶格类型和化学成分都不变

C.晶格类型不变,化学成分改变　　　　　　D.晶格类型改变,化学成分不变

76.二次再结晶是(　　)。[湖南大学·2005]

　　A.相变过程　　　　　　B.形核长大过程　　　　C.某些晶粒异常长大的现象

77.在材料的烧结过程中发生二次再结晶时,表现出来的特征是(　　)。[南京工业大学·2019]

　　A.少数晶粒的异常长大　　　　　　　　B.平均晶粒尺寸的长大

　　C.不改变晶粒尺寸的分布　　　　　　　D.以上都不对

78.铝铸锭在 300 ℃下进行塑性变形时,其组织变化为(　　)。[哈尔滨工业大学·2010]

　　A.形成纤维组织

　　B.位错密度升高,形成形变胞或形变亚晶

　　C.产生残余内应力和点阵畸变

　　D.气泡焊合、缩松压实、成分均匀化

79.(多选)纯铝在室温下进行塑性变形时,其组织和性能的变化有(　　)。[哈尔滨工业大学·2008]

　　A.逐渐形成纤维组织和形变织构　　　　B.位错密度升高,形成形变胞

　　C.残余内应力和点阵畸变减少　　　　　D.呈现形变强化和各向异性

80.已知 Fe 的 T_m=1 5328 ℃,则纯 Fe 的再结晶温度约为(　　)。[国防科技大学·2017]

　　A. 200 ℃　　　　　　B. 450 ℃　　　　　　C. 550 ℃　　　　　　D. 700 ℃

81.纯铅可在室温下(20 ℃)持续进行塑性变形,其主要原因是(　　)。[东南大学·2013]

　　A.铅为面心立方结构　　　　　　　　　B.纯铅中杂质含量较少

　　C.铅的再结晶温度较低　　　　　　　　D.铅的变形抗力较小

82.热加工是指材料在其(　　)以上的加工过程。[天津大学·2006]

　　A.相变温度　　　　B.奥氏体化温度　　　　C.再结晶温度　　　　D.回复温度

83.在金属材料中熔入高熔点金属元素,会(　　)。[北京理工大学·2018]

　　A.提高金属抗蠕变性能　　　　　　　　B.降低金属抗蠕变性能

　　C.对抗蠕变性能影响不大　　　　　　　D.以上都不对

84.NaCl 单晶体滑移系有(　　)个。[北京大学·2025]

　　A. 4　　　　　　B. 6　　　　　　C. 8　　　　　　D. 12

85.以下不能用柯氏气团解释的是(　　)。[上海交通大学·2025]

　　A.包申格效应　　　B.屈服效应　　　C.吕德斯带　　　D.应变时效

86.超塑性的特征是(　　)。[上海交通大学·2025]

　　A.等轴晶粒

　　B.位错密度显著增多

　　C.两个带状分布的组织,超塑性之后仍旧是带状

D.织构组织在超塑性之后仍旧不变

87.冷变形金属退火后,其电阻率下降,但力学性能变化不大,这是发生了(　　)。[上海交通大学·2024]

A.动态回复　　　　　　B.动态再结晶　　　　　　C.回复　　　　　　D.再结晶

88.面心立方晶体中不能滑移的位错是(　　)。[上海交通大学·2024]

A.1/6[211]　　　　　　B.1/3 [111]　　　　　　C.1/2[110]　　　　　　D.不能确定

89.再结晶温度会随着(　　)而升高。[上海交通大学·2024]

A.微量溶质元素含量增加　　　　　　　　B.原始变形量加大

C.原始晶粒尺寸减小　　　　　　　　　　D.分散相粒子间距增大

答案与解析

一、判断题

1.若晶体在两个滑移系之间能实现交滑移,则这两个滑移系的滑移面相同,滑移方向不同。(   )
[北京工业大学·2017]

【答案】×

【解析】滑移面不同。

2.晶体中的滑移系越少,屈服强度越高。(   )[北京理工大学·2018]

【答案】×

3.材料受力时,总是先发生弹性变形,然后才发生塑性变形。(   )[中国海洋大学·2020]

【答案】√

【解析】考查材料受力时的变形阶段。材料受力时的变形阶段为弹性变形、塑性变形和断裂。

4.根据施密特定律,晶体滑移面平行于拉力轴时最容易产生滑移。(   )[北京工业大学·2008]

【答案】×

【解析】考查晶体结构。根据施密特定律,当滑移面与拉力轴成45°时,最容易产生滑移。

5.晶态金属的弹性变形也会在其表面形成台阶,只不过变形恢复后,台阶也随之消失。(   )[西安交通大学·2012]

【答案】×

【解析】有位错滑移出去,晶体表面才形成台阶。

6.因为单晶体是各向异性的,所以实际应用中的金属材料在各个方向上的性能也不同。(   )[太原理工大学·2020]

【答案】×

【解析】考查单晶体的各向异性和多晶体的各向同性。实际应用中的很多材料都属于多晶体,多晶体具有各向同性。

7.位错滑移阻力要比其攀移阻力大。(   )[中国科学技术大学·2020]

【答案】×

【解析】考查位错滑移和位错攀移发生的难易度。位错攀移属于非守恒运动,会导致晶体体积变化,比较难进行,所以位错攀移的阻力大。

8.单晶体不可能形成织构。(   )[西安交通大学·2012]

【答案】√

【解析】考查织构的定义及其形成条件。织构是多晶体内部产生择优取向而形成的。

9. 单晶体的临界分切应力与外力对于滑移系的取向有关。（　　　）［中国矿业大学(徐州)·2012］

【答案】×

【解析】考查影响临界分切应力的因素。单晶体的临界分切应力的大小取决于金属本性。

10. 多晶体先滑移再孪生，滑移先发生在密排面。（　　　）［中国海洋大学·2022］

【答案】√

【解析】考查滑移与孪生的区别及优先发生滑移的晶面。多晶体塑性变形的方式和单晶体是一样的，优先发生滑移，不能滑移时，才会发生孪生，滑移优先发生在密排面。

11. 多晶材料中，晶粒越细小，材料的强度越高，塑性越好，导电性也越高。（　　　）［暨南大学·2021］

【答案】×

【解析】考查晶粒大小对材料性能的影响。多晶体存在晶界，晶界会对载流子产生散射作用，导致电子在运动中受到阻碍，从而降低导电效率。

12. 层错能越大，位错宽度越大。（　　　）［大连理工大学·2021］

【答案】×

【解析】考查层错能对位错宽度的影响。根据位错宽度公式 $d = \dfrac{Gb_1 \cdot b_2}{2\pi\gamma}$，层错能 γ 越大，位错宽度 d 越小。

13. 晶格滑移变形是材料塑性变形最主要的方式。（　　　）［中国科学技术大学·2020］

【答案】√

【解析】考查滑移与孪生的区别及材料发生塑性变形的主要方式。滑移是最主要的方式，滑移无法进行时才进行孪生。

14. 塑性变形与变形速率无关。（　　　）［中国科学技术大学·2015］

【答案】×

【解析】考查影响塑性变形的因素。二者有关系，同样变动量下，变形速率越快，需要的应力越大。

15. 在金属的强化中，强度的提高总是伴随着塑性的降低。（　　　）［大连理工大学·2003］

【答案】×

【解析】考查强化方式对性能的影响。细晶强化的金属强度和塑性都提高。

16. 一般的强化手段往往会使金属脆性增加，而细化晶粒不但可以提高强度，而且还可以提高韧性，因此，细化晶粒是使金属材料韧化增强的一个好办法。（　　　）［四川大学·2015］

【答案】√

17. 晶体滑移的临界分切应力的大小取决于该晶体的滑移系与拉力轴的相对取向。（　　　）［大连理工大学·2003］

【答案】×

【解析】考查临界分切应力的定义及其影响因素。临界分切应力是材料常数, 与晶体取向无关。

18. 金属发生塑性变形时, 外形及晶粒形状均发生变化。(　　　)［大连理工大学·2005］

【答案】√

【解析】塑性变形后, 晶体外形和晶粒形状均改变。

19. 低碳钢试样在拉伸加载－卸载过程中产生的应变时效不会改变钢的屈服强度。(　　　)［大连理工大学·2023］

【答案】×

【解析】考查拉伸过程中的应变时效对屈服强度的影响。应变力作用下, 材料的组织性能随时间发生变化。当退火状态的低碳钢试样拉伸到超过屈服点发生少量塑性变形后卸载, 然后立即重新加载拉伸, 则可见其拉伸曲线不再出现屈服点, 此时试样不会发生屈服现象。如果将预变形试样在常温下放置几天或经200 ℃左右短时加热后再行拉伸, 则屈服现象又复出现, 且屈服应力进一步提高, 此现象通常称为应变时效。

20. 金属加工硬化的主要原因是变形金属中位错密度增大以致缠结, 阻碍位错的运动, 使金属强度升高, 故金属中无位错时, 强度最低。(　　　)［哈尔滨工业大学·2010］

【答案】×

【解析】考查加工硬化的强化机理、理想晶体与实际晶体的强度对比。无位错等晶体缺陷时, 金属中的晶体为理想晶体, 理想晶体的强度大于实际晶体的强度。

21. 加工硬化是由运动的位错之间相互交割, 从而使其进一步运动困难而引起的。(　　　)［大连理工大学·2005］

【答案】√

【解析】考查加工硬化的强化机理。金属随着变形程度的增加会产生加工硬化, 位错会发生增殖, 位错密度增加, 位错之间在运动过程中会相互交割, 使得位错运动困难。

22. 滑移变形不会引起晶格位向改变, 而孪生变形则会引起晶格位向改变。(　　　)［重庆大学·2020］

【答案】√

【解析】考查滑移和孪生的区别。

滑移与孪生的区别:

①滑移变形过程是渐进的, 孪生变形过程是突然的。

②发生滑移变形所需的临界分切应力较小, 发生孪生变形所需的临界分切应力较大, 只有滑移变形很难发生时, 才会发生孪生变形。

③滑移变形过程不会改变晶格位向, 孪生变形过程会改变晶格位向, 孪生面附近相邻两边的晶格位向是不同的, 以孪生面为分界面呈镜面对称关系。

④滑移变形过程是不均匀变形, 孪生变形过程是均匀的晶体切变。

⑤发生滑移变形的过程中, 原子在滑移方向上的移动距离为原子间距的整数倍。发生孪生变形的过程中, 原子在孪生方向上的移动距离为原子间距的分数倍。

23. 滑移带和吕德斯带性质相同。(　　　)［大连理工大学·2022］

【答案】×

【解析】考查滑移带与吕德斯带的区别。滑移带是由一系列平行排列的滑移线构成的; 吕德斯带是指开始屈服时产生的现象, 一个吕德斯带往往是由许多晶粒协调变形产生的, 属于宏观带。

24. 宏观内应力是由塑性变形时, 工件各部分之间的变形不均匀产生的。(　　　)［哈尔滨工业大学·2012］

【答案】√

【解析】考查宏观内应力如何产生。宏观内应力是因为工件整体(工件各部分)的变形不均匀产生的。

25. 微观内应力是由塑性变形时, 工件各部分之间的变形不均匀产生的。(　　　)［哈尔滨工业大学·2006］

【答案】×

【解析】考查微观内应力如何产生。微观内应力是由于晶粒和亚晶粒变形不均匀导致的。

26. 由于堆垛层错不会在晶体内产生点阵畸变, 因此不增加晶体的能量。(　　　)［哈尔滨工业大学·2006］

【答案】×

【解析】考查堆垛层错和堆垛层错能的定义。晶体在堆垛过程中产生的错排现象称为堆垛层错。形成层错时, 几乎不产生点阵畸变, 但层错破坏了晶体的完整性和正常的周期性, 使电子发生反常的衍射效应, 晶体能量增加, 这部分增加的能量称为堆垛层错能。

27. 宏观残余应力可以通过退火消除。(　　　)［太原理工大学·2022］

【答案】√

【解析】考查宏观残余应力如何消除。回复退火可以消除宏观残余应力。

28. 冷变形金属在回复时, 显微组织不发生变化, 但晶体缺陷浓度和它们的分布有所改变。(　　　)［中国矿业大学(徐州)·2015］

【答案】√

【解析】考查冷变形对金属组织的影响。回复阶段点缺陷浓度大大降低。

29. 冷变形金属去应力退火后, 电阻和强度都会大幅下降。(　　　)［大连理工大学·2023］

【答案】×

【解析】考查去应力退火对冷变形金属性能的影响。冷变形后的金属用低于再结晶的温度加热, 以去除内应力, 但仍保留冷作硬化效果的热处理, 称为去应力退火。冷变形产生的缺陷结构仍然存在, 对电子的散射作用和对晶体的强化作用依然比较强烈, 因此电阻和强度不会明显下降。

30.回复、再结晶及晶粒长大三个过程均是形核及核长大过程,其驱动力均为变形储存能。(　　)
　[上海理工大学·2018]

【答案】×

【解析】考查回复、再结晶及晶粒长大的驱动力。仅有再结晶过程是形核及核长大过程,其驱动力为变形储存能。

31.为了消除加工硬化,以便进一步加工,常对冷加工后的金属进行去应力退火。(　　)[重庆大学·2015]

【答案】×

【解析】考查消除加工硬化的方法。应当采用再结晶退火。

32.经过冷变形后再结晶退火的金属,晶粒都可得到细化。(　　)[四川大学·2008]

【答案】×

【解析】考查变形量对再结晶退火后晶粒大小的影响。经冷变形后再结晶退火的金属,保温时间过长,晶粒长大粗化。当冷变形量处于临界变形度时,晶粒会异常长大。

33.回复不能使金属性能恢复到冷变形前的水平。(　　)[天津理工大学·2013]

【答案】√

【解析】考查回复对金属性能的影响。再结晶能够使金属恢复到冷变形前的水平。

34.金属铸件可以通过再结晶退火来达到细化晶粒的目的。(　　)[哈尔滨工业大学·2007]

【答案】×

【解析】考查再结晶退火对金属铸件细化晶粒的影响。金属铸件未发生变形,无再结晶驱动力(变形储能),所以再结晶退火后无法细化晶粒。

35.再结晶退火可有效消除冷变形区的内应力。(　　)[哈尔滨工业大学·2017]

【答案】√

【解析】考查再结晶退火对金属内应力的影响。再结晶退火可以消除加工硬化现象,消除材料内部的内应力。

36.冷变形金属构件再结晶退火处理后,其晶粒形态和晶格类型均发生变化。(　　)[哈尔滨工业大学·2010]

【答案】×

【解析】考查再结晶退火对金属晶粒形态和晶格类型的影响。冷变形金属经再结晶退火处理后,晶粒形态会变为等轴晶,而晶格类型和晶粒形态不会发生变化。

37.因为再结晶不是相变,所以它不包括形核和核长大过程。(　　)[天津理工大学·2013]

【答案】×

【解析】考查再结晶与固态相变的相同点与不同点。再结晶存在形核和核长大过程,但是不存在晶体结构的变化。

38.固溶体合金经过冷变形后,若原始晶粒越细小,则再结晶温度就越低。(   )[大连理工大学·2020]

【答案】√

【解析】考查影响再结晶温度的因素。原始晶粒越小,则晶界越多,其变形抗力越大,变形后的储存能越大,再结晶的驱动力越大,因此再结晶温度降低。此外,再结晶形核通常是在原始晶粒边界处发生的,所以原始晶粒越小,越能促进再结晶形核,所形成的再结晶晶粒越小,再结晶温度也就越低。

39.金属材料预先变形程度越大,其再结晶温度越高。(   )[大连理工大学·2005]

【答案】×

【解析】考查变形量对再结晶温度的影响。预变形越大,回复后未被释放的储存能越大,再结晶越易进行,再结晶温度越低。

40.形变织构和再结晶织构都会使金属材料具有各向异性。(   )[四川大学·2009]

【答案】√

【解析】考查织构对金属性能的影响。通常具有形变织构的金属经再结晶后的新晶粒若仍具有择优取向,则称为再结晶织构。

41.二次再结晶是大晶粒吞噬小晶粒的过程。(   )[大连理工大学·2021]

【答案】√

【解析】一次再结晶、二次再结晶都是大晶粒吞噬小晶粒。

42.形变织构是其塑性变形时形成的流线导致的。(   )[北京理工大学·2022]

【答案】×

【解析】考查形变织构和加工流线的形成。形变织构是变形引起的,流线是热加工造成的。

43.金属的热加工和冷加工是根据其加热温度决定的。(   )[西安交通大学·2023]

【答案】×

【解析】冷、热加工的区别在于加热温度与再结晶温度的关系。

44.动态再结晶仅发生在热变形状态,因此室温下变形的金属不会发生动态再结晶。(   )[湖南大学·2015]

【答案】×

【解析】考查热加工与冷加工的定义,以及热加工的条件。铅的再结晶温度为−33 ℃,在室温下热变形,会发生动态再结晶。

45.在室温下对金属进行的塑性加工为冷加工,加热到室温以上对金属进行的塑性加工是热加工。(   )[华中科技大学·2018]

【答案】×

【解析】考查热加工与冷加工的区别。冷加工与热加工的温度分界点是再结晶温度。

46.冷变形态铝组织的再结晶温度为 $T_R = 0.4T_m = 0.4 \times 660\ ℃ = 264\ ℃$。（　　　）[哈尔滨工业大学·2008]

【答案】×

【解析】考查再结晶温度的计算。再结晶温度要用开氏温度计算。

47.蠕变量是时间和应变的函数。（　　　）[北京理工大学·2018]

【答案】√

【解析】考查蠕变量是什么函数。蠕变是固体材料在保持应力不变的条件下，应变随着时间的延长而增加的现象。

48.材料中的玻璃相有利于其高温蠕变性能。（　　　）[中国科学技术大学·2012]

【答案】√

【解析】考查玻璃相对高温蠕变性能的影响。温度升高时，玻璃相的黏度降低，因而变形速度增大，亦即蠕变速度增大。

49.金属的超塑性变形的机制是扩散协助下的晶界滑动和晶粒转动。（　　　）[西安交通大学·2012]

【答案】√

【解析】考查超塑性变形的机制。

50.高聚物的结晶度增加，其与链运动有关的性能，如弹性、伸长率则提高。（　　　）[太原理工大学·2013]

【答案】×

【解析】考查高聚物的结晶度对高聚物性能的影响。结晶度大小对高聚物性能有一定影响，若结晶度提高，则高聚物密度增大，熔点提高，材料的硬度提高，拉伸强度提高，伸长率随之降低，冲击强度也降低。因此，在高分子材料加工过程中，要控制一定的结晶度。

51.高聚物的结晶度越高，其弹性、塑性越好。（　　　）[太原理工大学·2009]

【答案】×

【解析】考查高聚物的结晶度对高聚物性能的影响。高聚物的结晶度越高，其弹性、塑性越差。

52.金属材料的弹性展现为熵弹性，即温度越高，熵越高，弹性模量下降。（　　　）[北京理工大学·2022]

【答案】√

【解析】在高温下，金属材料的弹性主要源于熵的变化(熵弹性)。温度升高时，原子热运动加剧，系统的熵增大，原子间的结合力受影响减弱，导致材料抵抗形变的能力下降，即弹性模量降低。

53.高聚物材料中,大分子链上极性部分越多,极性越强,材料强度越大。(　　)[北京工业大学·2007]

【答案】√

【解析】考查高聚物的性质。

54.晶体中有些滑移系与外力的取向接近45°,称为软取向。(　　)[北京工业大学·2025]

【答案】√

【解析】滑移系与外力的取向等于45°时,是最软取向;滑移系与外力的取向等于90°时,是最硬取向。

55.再结晶和晶粒长大过程都涉及大角度晶界迁移,其驱动力相同。(　　)[清华大学·2025]

【答案】×

【解析】再结晶的大角度晶界迁移驱动力为变形储存能。晶粒长大的大角度晶界迁移驱动力为晶界能。

56.以界面能降低为晶粒长大驱动力时,晶界迁移总是向着晶界曲率中心方向。(　　)[北京工业大学·2008]

【答案】√

【解析】考查晶粒长大的驱动力及晶界迁移的方向。定性来看,晶粒长大就是界面能降低,而自由能增加。晶粒长大的条件是界面能降低的幅度大于自由能增大的幅度。晶粒越小,形状越尖锐,曲率越大。曲率大意味着比表面积大,因此晶粒向着曲率降低的方向长大。对于凸面,曲率降低的方向也就是由边界指向曲率中心的方向,因此晶粒总是向着曲率中心方向移动。

二、填空题

1.金属的塑性变形方式有_____、_____。[中国海洋大学·2022]

【答案】滑移、孪生。

【解析】考查塑性变形方式。塑性变形的方式主要为滑移,当滑移变形很难发生时,才会发生孪生变形。

2.多晶体塑性变形主要有_____和_____。[天津大学·2015]

【答案】晶内变形、晶间变形。

【解析】考查多晶体塑性变形过程。多晶体塑性变形的过程:①由于多晶体中各晶粒的位向不同、滑移系取向不同,只有那些位向有利的晶粒、取向因子最大的滑移系,最先开始进行塑性变形。②由于位向最有利的晶粒已经开始塑性变形,这就意味着它的滑移面上的位错源已经开动,于是位错会在其晶界处受阻,形成位错的平面塞积群。③位错平面塞积群在其前沿附近区域造成很大的应力集中,随着外加载荷的增加,应力集中也随之增加。这一应力集中值与外力相互叠加,使相邻晶粒某些滑移系上的分切应力达到临界切应力值, 于是位错源开动, 开始塑性变形(变形传递性), 但相邻晶粒必须与先变形的晶粒保持变形协调性。

3. 冷变形加工的金属, 组织变化的状态有_____、_____、_____。[中国海洋大学·2022]

【答案】纤维组织的产生、亚结构的细化、形变织构的产生。

【解析】考查金属冷加工后的组织变化。

4. 对于多晶体而言, 要求每个晶粒至少具备_____个独立的滑移系才能满足各晶粒变形时相互协调的要求。[国防科技大学·2012]

【答案】5。

5. 多晶体塑性变形时, 晶界的作用包括_____、_____和_____。[天津理工大学·2009]

【答案】阻塞作用、协调作用、起裂作用。

【解析】考查晶界的作用。

6. 金属在塑性变形时, 外力所做的功将有一小部分保留在金属内部形成_____和_____。[天津大学·2013]

【答案】残余内应力、点阵畸变。

【解析】考查塑性变形。金属材料塑性变形时, 外力做功大部分以热能的形式散去, 而有一小部分以残余内应力(第一类内应力和第二类内应力)和点阵畸变的形式保存下来。

7. 由于塑性变形的结果而使晶粒具有择优取向的组织称为_____。[天津大学·2006]

【答案】形变织构。

【解析】考查塑性变形。当变形量很大时, 各晶粒的取向会大致趋于一致。这种由于塑性变形的结果而使晶粒具有择优取向的组织叫作形变织构。

8. 金属发生塑性变形时, 滑移面和滑移方向往往是金属晶体中的_____、_____; 一个滑移面上的一个_____称为一个滑移系。一个滑移系能否发生滑移取决于作用于该滑移系的_____是否达到临界值。[贵州大学·2014]

【答案】原子排列最紧密的晶面、原子排列最紧密的晶向; 滑移方向; 临界分切应力。

【解析】考查滑移系的定义和滑移系开动的条件。

9. 随着变形的增加, 其强度_____, 这种现象称为_____。[南方科技大学·2022]

【答案】增加; 加工硬化(或形变强化、应变强化)。

【解析】考查加工硬化现象。

10. 在材料力学中, 切应力与其对应的切应变的比值是_____。[天津大学·2012]

【答案】切变模量 G。

【解析】考查切变模量的概念。物体在切变情况下的弹性模量称为切变模量, 它是切应力与其对应的切应变的比值。

11. 金属板材深冲时, 制耳是由_____造成的。[郑州大学·2019]

【答案】织构(或填板织构)。

【解析】考查织构。由于薄板及带材的各向异性, 材料在深冲时, 各个方向的塑性变形能力不同, 使其深冲产品在杯口处出现波浪形的突起。材料各向异性主要是由板材存在的织构导致的。织构是板材产生制耳的根本原因。

12. 在 FCC、BCC、HCP 三种晶体材料中, _____的滑移系最多; _____最容易变形, 原因是_____; 塑性变形时, 易产生孪晶的是_____。[天津理工大学·2009]

【答案】BCC; FCC; 面心立方密排面间距大, 位错运动的点阵阻力小, 易于滑移进行; HCP。

【解析】考查滑移。BCC 滑移系 48 个, FCC 滑移系 12 个, HCP 滑移系 3 个; FCC 晶体密排面间距大于 BCC 密排面间距, 位错运动点阵阻力小; HCP 滑移系最少, 变形时容易产生孪晶。

13. 金属材料常用的强化手段有_____、_____、_____和_____。[北方工业大学·2002]

【答案】固溶强化、细晶强化、第二相强化、加工硬化。

【解析】考查金属材料的四大强化手段。四大强化手段分别为固溶强化、细晶强化、第二相强化、加工硬化。

14. 加工硬化是一种重要的强化手段, 但其缺点是材料在_____情况下不适用。[四川大学·2010]

【答案】高温。

【解析】考查加工硬化现象。加工硬化的材料在高温下会发生回复和再结晶, 从而使材料的硬度、强度下降, 塑性上升, 材料的强化效果下降。

15. 冷加工态的工业纯铝的再结晶温度为 150 ℃, 若将一铝薄带加热至 100 ℃, 保温 1 天冷至室温, 其强度略有降低的原因是_____。[贵州大学·2014]

【答案】发生回复过程且宏观应力消除。

【解析】考查回复过程对性能的影响。回复温度为 $(0.25 \sim 0.30) T_m$, 所以在该温度下加热为回复退火, 铝发生了回复, 且消除了宏观应力。

16. 多晶铁试样的拉伸结果表明: 高温拉伸时, 晶界强度_____晶内强度; 而室温拉伸时, 晶界强度_____晶内强度。鉴于此, 高温工作的金属部件应适当_____晶粒度。[贵州大学·2013]

【答案】弱于; 强于; 增大。

【解析】考查金属加工变形对性能的影响。温度升高, 晶界强度会降低; 在温度较高的情况下反而需要较为粗大的晶粒, 这是因为细小晶粒的工件在高温下容易发生蠕变。高温下蠕变主要是由晶界扩散变形引起的, 晶界多反而加速了多晶体弱化过程。

17. 同等条件下, 金属冷变形量越大, 再结晶形成的平均晶粒尺寸越_____。[北京理工大学·2021]

【答案】小。

【解析】考查金属变形量对再结晶后晶粒大小的影响。变形量越大, 再结晶后得到的晶粒越细小。

18. 在温度和变形保持不变的情况下, 高聚物内部的应力随时间增加而逐渐衰减的现象称作_____, 高聚物在交变应力作用下, 变形落后于应力变化的现象称为_____。[东华大学·2023]

【答案】应力松弛; 滞后。

19. 金属经冷塑性变形后, 其强度和硬度_____, 塑性和韧性_____, 这种现象称为_____强化或_____; 对于经过预先冷塑性变形的金属, 在进一步冷塑性变形前应进行退火, 以提高其_____, 退火温度为_____; 而对于冷加工成形的零构件, 成形后应及时进行_____退火, 以去除_____, 防止零构件在使用中_____或_____。[西安交通大学·2004]

【答案】升高; 下降; 形变; 加工硬化; 塑性和韧性; $0.4T_m$; 去应力; 残余内应力; 应力腐蚀、开裂。

【解析】考查加工硬化、回复和再结晶的过程及应用, 并且考查加工硬化与再结晶之间的联系。

20. 材料断裂按断裂前塑性变形的大小, 分为_____、_____。[太原理工大学·2017]

【答案】脆性断裂、塑性断裂。

【解析】考查断裂的分类。

21. 冷变形金属在加热时的三个阶段: _____、_____、_____。[天津理工大学·2014]

【答案】回复、再结晶、再结晶晶粒长大。

【解析】考查冷变形金属在加热过程中的组织变化。

22. 金属中的再结晶指的是当变形金属加热到较高温度时, 通过重新的_____, 只变成_____的晶粒, 但是再结晶_____相变。[东华大学·2014]

【答案】形核和长大的过程; 完整等轴; 不发生。

【解析】考查再结晶过程。发生晶格畸变的晶粒经过形核长大之后形成等轴晶粒, 但无晶体结构的变化, 再结晶不发生相变。

23. 金属在冷变形过程后进行机加工, 一般都需要在其中增加退火, 其目的是_____。[郑州大学·2021]

【答案】消除冷塑性变形的强化或者残余应力。

【解析】考查冷变形加工。冷变形后, 若需要保留硬度、强度等加工硬化属性, 应采用回复退火消除残余应力; 若需要消除硬度、强度等加工硬化属性, 则采用再结晶退火消除加工硬化现象。

24. 工业金属不能在_____变形度进行变形, 否则会使再结晶后的晶粒_____, 力学性能_____。[郑州大学·2013]

【答案】临界; 粗大; 降低。

【解析】考查材料的变形。材料在临界变形度进行再结晶后, 晶粒会粗大, 力学性能会降低。

25. 回复和再结晶的驱动力是_____, 晶粒长大的驱动力是_____。[中国海洋大学·2019]

【答案】变形储存能; 界面能的降低。

26. 再结晶后晶粒的大小主要取决于_____和_____。[天津大学·2015]

【答案】变形程度、退火温度。

【解析】考查再结晶。当金属材料的塑性变形程度大于临界变形度时,随着变形度的增大,金属材料内部的变形储存能上升,再结晶驱动力增加,所以将金属加热至某一温度进行再结晶时,形核率N和晶粒长大速度G都会增加,形核率N增大的程度比晶粒长大速度G增大的程度更大,从而使得形核率N和晶粒长大速度G的比值上升,所以金属在退火后,晶粒会变得细小。退火温度越高,原子扩散越快,晶粒长大倾向增加。

27. 再结晶完成后,晶粒长大可分为_____晶粒长大和_____。[西南交通大学·2015]

【答案】正常;二次再结晶。

【解析】考查冷变形金属在加热过程中的组织变化。正常晶粒长大是所有晶粒长大的方式,二次再结晶是少部分晶粒的异常长大。

28. 在金属学中,冷加工与热加工的界限是以_____来划分的,因此Cu(熔点为1 084 ℃)在室温下的变形加工称为_____加工,Sn(熔点为232 ℃)在室温下的变形加工称为_____加工。[太原理工大学·2012]

【答案】再结晶温度;冷;热。

【解析】考查冷加工与热加工的定义。

29. 细化晶粒可_____抗蠕变性能。[北京理工大学·2019]

【答案】降低。

【解析】考查晶粒大小对抗蠕变性能的影响。晶粒越细小,在高温下就越容易发生高温蠕变。晶粒细小的时候,高温下容易产生晶界滑动,从而抗蠕变性能降低。

30. 蠕变的速度随温度升高而_____。[南方科技大学·2022]

【答案】增加。

【解析】考查温度对蠕变的影响。温度越高,原子扩散系数越大,蠕变就越强。

31. 相同条件下,单晶金属具有比多晶金属更_____的抗蠕变能力。[北京理工大学·2020]

【答案】强。

【解析】考查相同条件下,单晶体与多晶体的抗蠕变能力。晶界越少,抗蠕变能力越强,单晶体的晶界明显少于多晶体。

32. 晶体中,施密特因子大的滑移系取向称为_____,在应力作用下,该滑移系更_____发生滑移。[北京理工大学·2020]

【答案】软取向;容易。

【解析】考查软取向的定义。应力软取向更容易发生滑移。

33.发生超塑性的三个条件为_____、_____、_____。[北京理工大学·2022]

【答案】超细晶粒、合适的变形条件、应变速率敏感指数较高。

【解析】考查产生超塑性的三个基本条件。

34.按超塑性广义的物理冶金的机制,超塑性可以分为_____、_____。[天津大学·2022]

【答案】相变超塑性、组织超塑性。

【解析】考查超塑性的分类。

三、选择题

1.下列说法错误的是(   )。[上海交通大学·2022]

A.弹性模量反映原子间的结合力,是组织结构不敏感参数

B.沿原子最密排晶向的弹性模量最大

C.材料首先要产生弹性变形,才能产生塑性变形

D.工程上常将弹性模量作为材料刚度的度量

【答案】D

【解析】考查材料弹性变形的特点、材料变形的阶段及刚度的定义。工程上的弹性模量是材料刚度的度量。

2.高温下,弹性模量高的金属与弹性模量低的金属相比,(   )。[北京理工大学·2022]

A.更容易发生蠕变   B.更不容易发生蠕变

C.发生蠕变的倾向相同   D.以上都不对

【答案】B

【解析】考查高温下弹性模量对金属蠕变的影响。弹性模量越高,材料越不易变形,高温不容易发生蠕变。

3.下列关于金属弹性变形的说法,错误的是(   )。[上海交通大学·2019]

A.金属弹性变形可逆,去掉外应力,弹性变形即消失

B.应力与应变之间呈线性关系

C.单晶体的弹性模量是各向异性

D.弹性变形量的数值一般都较大

【答案】D

【解析】考查弹性变形的定义及其特点。弹性变形是可逆的,去掉外力,弹性变形即消失。根据胡克定律,应变和应力之间呈线性关系。晶体材料的性能呈各向异性,这是由晶体材料的结构决定的,单晶体的弹性模量是呈各向异性的。弹性变形量一般都比较小,这是由原子间的作用力决定的。

4.低碳钢拉伸时出现屈服现象的主要原因是(　　　)。[河北工业大学·2013]

    A.发生了多系滑移　　　　　　　　　B.碳原子气团钉扎位错

    C.扩展位错的交滑移　　　　　　　　D.晶粒沿界面滑动

【答案】B

【解析】考查屈服发生的微观机制。

5.多晶体在室温下的塑性变形机制有(　　　)。[华中科技大学·2022]

    A.滑移、孪生、晶界迁移　　　　　　B.滑移、孪生、蠕变

    C.滑移、孪生、攀移　　　　　　　　D.滑移、孪生、扭折

【答案】D

【解析】攀移、晶界迁移、蠕变都需要高温。

6.材料在弹性变形时, 加载与卸载不重合、应力与应变不同步等现象统称为弹性不完整性, 下列选项不属于弹性不完整性的是(　　　)。[河北工业大学·2023]

    A.滞弹性　　　　　　　　　　　　　B.弹性后效

    C.应变时效　　　　　　　　　　　　D.包申格效应

【答案】C

【解析】考查弹性不完整性的情况。应变力作用下, 材料的组织性能随时间发生变化。当退火状态的低碳钢试样拉伸到超过屈服点发生少量塑性变形后卸载, 然后立即重新加载拉伸, 则可见其拉伸曲线不再出现屈服点, 此时试样不会发生屈服现象。如果将预变形试样在常温下放置几天或经200 ℃左右短时加热后再行拉伸, 则屈服现象又复出现, 且屈服应力进一步提高。此现象通常称为应变时效, 所以其不属于弹性不完整性。

7.下列说法错误的是(　　　)。[北京理工大学·2021]

    A.弹性滞后越大的材料, 抗震阻尼性能越好

    B.黏弹性变形可逆

    C.弹性滞后属于弹性不完整性

    D.黏弹性变形存在能量消耗

【答案】B

【解析】考查弹性与黏弹性的区别。弹性变形可逆, 但黏弹性变形不可逆。

8.单晶体的临界分切应力与(　　　)有关。[上海交通大学·2010]

    A.外力相对于滑移系的取向

    B.金属的类型

    C.拉伸的屈服应力

【答案】B

【解析】考查影响临界分切应力的因素。临界分切应力取决于金属本性, 而金属类型属于金属本性。

9.体心立方晶格金属与密排六方晶格金属在塑性上的差别主要是由于两者的(   )。[太原理工大学·2013]

A.滑移系数量不同

B.滑移面和滑移方向的指数不同

C.致密度不同

D.体积不同

【答案】A

【解析】考查体心立方晶格金属(BCC)与密排六方晶格金属(HCP)在塑性上的差别。当BCC与HCP比较塑性时, 考虑的主要是滑移系数量; 由于HCP只有3个滑移系, 因此塑性比BCC差。

10.在添加一个组元之后, 引起位错宽度增加, 则加入的材料可能使得其(   )。[上海交通大学·2021]

A.层错能增加   B.层错能减少   C.孪晶能增加   D.孪晶能减少

【答案】B

【解析】考查组元对位错宽度和层错能的影响。扩展位错线的宽度与层错能之间呈反比。

11.某FCC单晶体塑性变形时出现两组平行的交叉滑移线, 则塑性变形属于(   )。[东南大学·2019]

A.易滑移阶段   B.线性硬化阶段   C.动态回复阶段   D.抛物线硬化阶段

【答案】B

【解析】考查材料塑性变形的变形阶段。线性硬化阶段属于位错多滑移阶段, 会出现滑移线交叉现象。

12.单晶体在塑性变形过程中发生晶面转动, 是因为随着滑移的进行, (   )。[东南大学·2012]

A.滑移方向发生变化

B.滑移面发生变化

C.外力会分解, 从而产生力偶

D.发生了交滑移

【答案】C

【解析】考查单晶体滑移过程中的变化。单晶体滑移过程会产生力偶, 使晶面发生转动。

13.多晶体塑性变形至少需要(   )个独立的滑移系。[天津大学·2021]

A. 5   B. 2   C. 3   D. 6

【答案】A

【解析】考查变形协调性需要的滑移系数量。

14.金属镁的单晶体处于软取向时, 塑性变形量可达100%~200%, 但其多晶体的塑性很差, 其主要原因是(   )。[四川大学·2009]

A.镁多晶体晶粒通常较粗大

B.镁多晶体通常存在裂纹

C.镁滑移系通常较少

D.以上都不对

【答案】C

【解析】考查镁塑性差的主要原因。密排六方晶体由于滑移系少，晶粒之间应变协调性很差，因此其多晶体的塑性变形能力很低。

15.(　　)，位错滑移的派－纳力越小。[华中科技大学·2007]

A.位错宽度越大

B.滑移方向上的原子间距越大

C.相邻位错的距离越大

【答案】A

【解析】考查影响位错滑移的派－纳力的因素。

派－纳(P–N)力：

$$\tau_{\mathrm{P-N}} = \frac{2G}{1-\nu}\exp\left[-\frac{2\pi d}{(1-\nu)b}\right] = \frac{2G}{1-\nu}\exp\left(-\frac{2\pi W}{b}\right)$$

式中，b 为滑移方向上的原子间距；d 为滑移面的面间距；ν 为泊松比；$W = \dfrac{d}{1-\nu}$ 代表位错宽度。

因此，位错宽度越大，位错运动的阻力越小。

16.不易产生交滑移的晶体结构为(　　)。[深圳大学·2011]

A.密排六方　　　　B.体心立方　　　　C.面心立方

【答案】A

【解析】考查交滑移的定义、发生条件及三种晶体发生交滑移的难易度。密排六方滑移系最少，容易发生孪生变形，不易产生交滑移。

17.孪晶最不可能在(　　)过程下发生。[华中科技大学·2023]

A.冲压　　　　　B.铸造　　　　　C.渗碳　　　　　D.气相沉积

【答案】C

【解析】考查孪晶形成原因。根据形成原因的不同，孪晶可以分为变形孪晶(机械变形产生的)、退火孪晶(再结晶退火过程中形成的)和生长孪晶(包括晶体来自气态(如气相沉积)、液态(液相凝固)或固体中长大时形成的孪晶)。冲压过程属于机械变形产生的变形孪晶，铸造属于液相凝固过程中形成的生长孪晶，气相沉积为生长孪晶。

18.固溶强化是由于固溶体微观结构中存在(　　)。[河北工业大学·2023]

A.柯氏气团　　　　B.面角位错　　　　C.间隙原子　　　　D.弗兰克位错

【答案】A

【解析】考查固溶强化的机理。固溶原子会产生柯氏气团钉轧位错，固溶原子也可以为置换原子。

19.固溶强化使金属强度和硬度升高，其原因是(　　)。[苏州大学·2018]

A.溶剂原子的溶入使固溶体的晶格发生畸变,阻碍位错的运动;溶剂原子常常被吸附在位错线的附近,降低了位错的能量状态

B.相似尺寸溶质原子的溶入维持溶体的晶格不变,不产生阻碍位错的运动

C.溶质原子常常被吸附在位错线的附近,提高了位错的能量状态

D.溶质原子的溶入使固溶体的晶格发生畸变,阻碍位错的运动;溶剂原子常常被吸附在位错线的附近,降低了位错的能量状态

【答案】D

【解析】考查固溶强化的机理。溶质原子使晶格发生畸变,使位错运动的阻力增加,溶质原子在位错附近会降低位错的能量。

20.实际金属在不同方向并不会出现差异,这是因为( )。[华中科技大学·2005]

A.晶体不同方向性能相同
B.晶体的各向异性现在测量不出

C.金属材料不是晶体
D.大量粒子随机取向掩盖了各向异性

【答案】D

【解析】考查实际金属的伪各向同性。在多晶体中,各个晶粒会抵消掉各向异性,从而出现伪各向同性。

21.对材料细化晶粒,可以使材料的常温( )。[河北工业大学·2023]

A.强度、硬度增大,塑性、韧性降低
B.强度降低,硬度升高,塑性、韧性降低

C.强度、硬度增大,塑性、韧性升高
D.强度增大,硬度降低,塑性、韧性降低

【答案】C

22.晶粒细化可使材料强度提高,是因为( )。[苏州大学·2010]

A.晶界是位错运动的障碍,材料的晶粒越细,阻碍作用越弱

B.晶界是位错运动的障碍,材料的晶粒越细,阻碍作用越强

C.晶界是位错运动的障碍,但材料晶粒细度不影响阻碍作用强度

D.晶界是位错运动的障碍,阻碍越少,材料强度越高

【答案】B

【解析】考查细晶强化的机理。晶界越多,对位错的阻碍就越强,位错无法通过晶界。

23.下列关于层错能的说法,错误的是( )。[上海交通大学·2013]

A.层错能越高,则不全位错宽度越窄
B.层错能越高的晶体越易形成胞状亚结构

C.层错能高的金属易发生动态再结晶
D.以上均不对

【答案】C

【解析】考查层错能对位错宽度、亚结构和动态再结晶的影响。高层错能的金属(如Al及其合金等)在热加工中容易动态回复。低层错能的金属(黄铜、不锈钢等)容易发生动态再结晶。

24.可以使金属产生塑性变形的力是(　　)。[哈尔滨工业大学·2009]

　　A.拉应力　　　　　　B.压应力　　　　　　C.切应力　　　　　　D.正应力

【答案】C

【解析】考查金属材料发生滑移的力。主要是强调切应力引起滑移塑性变形。

25.既能提高金属的强度,又不降低其塑性的强化手段是(　　)。[国防科技大学·2017]

　　A.塑性变形　　　　　　　　　　B.添加合金元素

　　C.细化晶粒组织　　　　　　　　D.加入硬质点

【答案】C

【解析】考查细晶强化的强化机理。细晶强化可以同时提高强度和塑性。

26.塑性变形中产生的滑移面和滑移方向是(　　)。[东南大学·2022]

　　A.晶体中原子密度最大的面和原子间距最短的方向

　　B.晶体中原子密度最大的面和原子间距最长的方向

　　C.晶体中原子密度最小的面和原子间距最短的方向

　　D.晶体中原子密度最小的面和原子间距最长的方向

【答案】A

【解析】考查塑性变形中产生的滑移面和滑移方向。滑移面一般是密排面和密排方向,密排面和原子间距最短的方向上,位错滑移的点阵阻力最小。

27.塑性变形主要来自(　　)。[东南大学·2022]

　　A.滑移　　　　　　B.孪生　　　　　　C.扭折　　　　　　D.弯折

【答案】A

【解析】考查金属塑性变形的主要方式。塑性变形一般来自滑移,孪生的作用很小。

28.金属晶体的塑性变形是通过(　　)运动实现的。[上海科技大学·2023]

　　A.空位　　　　　　B.间隙原子　　　　　　C.位错

【答案】C

【解析】考查金属塑性变形的实现方式。塑性变形一定与位错的运动有关。

29.在大塑性变形条件下,金属中可能产生(　　)。[上海交通大学·2014]

　　A.大量空位　　　　　　B.位错攀移　　　　　　C.位错缠结　　　　　　D.位错网络

【答案】C

【解析】大塑性变形时,位错大量运动、交互作用,易形成位错缠结;大量空位一般是因高温或辐照等产生的;位错攀移需原子扩散,常与高温相关;位错网络多在回复、再结晶等过程中形成。

30.金属材料在塑性变形后,晶粒由等轴变成纤维状,晶体缺陷密度增加,强度、硬度升高,而塑性、韧性(　　)。[太原理工大学·2017]

　　A.升高　　　　　　B.降低　　　　　　C.无影响　　　　　　D.先升高后降低

【答案】B

【解析】考查金属经过塑性变形后对组织和性能的影响。塑性变形使材料的组织形貌和微观结构均发生改变,这必然导致材料性能的变化。通常,金属经屈服后欲继续变形须增加应力的现象被称作加工硬化(形变硬化),其表现为晶体强度的显著提高和塑性的明显下降。

31.以下关于滑移的正确表述是(　　)。[华中科技大学·2021]

A.滑移不改变晶体结构,但改变晶体位向

B.滑移不改变晶体位向,但改变晶体结构

C.滑移既不改变晶体结构,也不改变晶体位向

【答案】C

【解析】考查滑移的特性。

32.塑性变形时,最容易形成孪晶的是(　　)。[华中科技大学·2012]

A. HCP　　　　　　　　B. FCC　　　　　　　　C. BCC

【答案】A

【解析】考查发生孪生变形的条件及孪晶形成的条件。HCP的滑移系最少,容易发生孪生,而产生孪晶。

33.低碳钢在塑性变形时,会出现上下屈服点和屈服平台,原因是(　　)。[东南大学·2021]

A.位错交滑移　　　　　　　　　　　　B.位错切过颗粒

C.位错与柯式气团的钉扎作用　　　　　　D.位错的绕过作用

【答案】C

【解析】考查产生上下屈服点和屈服平台的原因。碳钢发生塑性变形产生大量位错,位错被晶体中原子团围绕而引起钉扎,这就需要更大的外力才能克服钉扎效应,因而导致了上屈服点的出现,克服了钉扎效应,位错能很好地移动,应力迅速下降得到下屈服点和屈服平台。

34.强化金属材料的各种手段的出发点都在于(　　)。[四川大学·2009]

A.制造无缺陷的晶体或设置位错运动的阻碍

B.使位错增殖

C.使位错适当地减少

【答案】A

【解析】考查强化金属方法的本质。无晶体缺陷的晶体为理想晶体,强度高,位错运动受阻碍,材料的强度会上升。

35.以下不是高聚物变形特点的是(　　)。[中山大学·2023]

A.弹性和塑性　　　　B.高弹性　　　　　　C.黏弹性　　　　　　D.变形依靠位错滑移

【答案】D

【解析】考查高聚物变形的特点。变形依靠位错的是金属材料。

36.低碳钢的应变时效可以用( )理论解释。[上海交通大学·2013]

A.固溶强化　　　　　B.柯氏气团　　　　　C.滞弹性

【答案】B

【解析】考查应变时效的产生原因。应变时效就是由柯氏气团的形成导致的。

37.杂质的存在一般对晶界迁移的影响是( )。[上海交通大学·2013]

A.阻碍晶界迁移　　　B.促进晶界迁移　　　C.影响不确定

【答案】A

【解析】考查晶界迁移的主要因素。杂质会阻碍晶界的迁移,抑制晶粒的长大。

38.某金属的晶粒细化后可提高该金属的( )。[上海交通大学·2013]

A.屈服强度　　　　　B.抗拉强度　　　　　C.断裂强度

【答案】A

【解析】考查细化晶粒对金属强度的影响。细化晶粒会提高金属的屈服强度。屈服强度 $\sigma_s = \sigma_0 + Kd^{-1/2}$,其中 σ_0 反映晶内对变形的阻力,相当于极大单晶的屈服强度;K 反映晶界对变形的影响系数,与晶界结构有关;d 表示晶粒平均直径。

39.多金属材料经拉伸后,( )显著提高。[上海交通大学·2013]

A.晶粒尺寸　　　B.空位浓度　　　C.位错密度　　　　D.塑性

【答案】C

【解析】考查金属塑性变形后组织的变化。金属材料经过拉伸变形后,位错会发生增殖,位错密度会上升。

40.金属在室温下发生塑性变形后,力学强度提高的主要原因是( )。[上海理工大学·2022]

A.形变织构的形成

B.位错密度的增加及相互缠绕产生的钉扎作用

C.晶粒取向的变化

D.黏弹性

【答案】B

【解析】考查金属塑性变形后组织的变化。塑性变形后,金属材料内部的位错增加,会相互交割缠结。

41.金属经冷塑性变形后,其强度和硬度( ),塑性和韧性( ),这种现象称为( )强化或加工硬化。[上海理工大学·2019]

A.升高;升高;形变　　B.升高;下降;形变　　C.下降;下降;形变　　D.升高;下降;弥散

【答案】B

【解析】考查加工硬化的定义。

42.(多选)下列说法正确的是(　　　　)。[哈尔滨工业大学·2023]

　　A.塑性变形后, 随着变形度的增加, 原来的等轴晶粒将沿其变形方向伸长

　　B.加工硬化可使材料的强度和塑性均提高

　　C.多晶体的应力应变曲线不会出现单晶曲线的第Ⅰ阶段

　　D.再结晶是固态相变过程

【答案】AC

【解析】考查金属塑性变形后的组织和性能变化、多晶体与单晶体塑性变形曲线的区别以及再结晶与固态相变的区别。加工硬化使材料的强度提高, 塑性下降。再结晶不属于固态相变。

43.在下列的材料强化机制中, 可以通过合理的人工时效处理实现的是(　　　　)。[中国海洋大学·2019]

　　A.第二相强化　　　　　B.细晶强化　　　　　C.加工硬化　　　　　D.固溶强化

【答案】A

【解析】考查人工时效后组织的变化。铝合金的时效对应钢铁的回火, 回火的过程中会析出第二相粒子, 从而发生第二相强化。

44.(多选)塑性变形后的金属随加热温度的升高和时间的延长, 可能发生(　　　　)。[哈尔滨工业大学·2012]

　　A.显微组织依次发生回复、再结晶和晶粒长大三个阶段

　　B.组织由缺陷密度较高的纤维形态转变为缺陷密度较低的等轴晶粒

　　C.内应力松弛或被消除, 应力腐蚀倾向显著减小

　　D.强度、硬度下降, 塑性、韧性提高

【答案】ABCD

【解析】考查金属塑性变形后的组织和性能变化。冷变形金属加热会依次发生回复、再结晶和晶粒长大, 内应力消除, 强度、硬度下降, 塑性、韧性提高。

45.冷变形使金属中产生大量的空位、位错等晶体缺陷, 对置换固溶体中的扩散而言, 这些缺陷的存在将(　　　　)。[上海理工大学·2022]

　　A.阻碍原子的移动, 减慢扩散过程　　　　　B.对扩散过程无影响

　　C.加速原子的扩散过程　　　　　D.使原子扩散速度先增加后减小

【答案】C

【解析】考查晶体缺陷对原子扩散的影响。晶体中的空位、位错对原子扩散有促进作用。

46.易发生孪生材料中, 其层错能更(　　　　)。[北京理工大学·2022]

　　A.低　　　　　B.高　　　　　C.无法确定

【答案】A

【解析】层错能低, 层错宽度大, 难以束集, 难以发生交滑移, 易发生孪生。

47.塑性变形时, 纯金属各晶粒间变形量不均匀主要源于( )。[北京理工大学·2022]

    A.各晶粒大小不同　　　　　　　　B.各晶粒晶体学空间取向不同

    C.各晶粒中滑移系数量不同　　　　D.晶粒分切应力不同

【答案】B

【解析】考查塑性变形不均匀性的原因。各个晶粒空间取向不同, 同一拉力下, 某些晶粒中的滑移系容易开动, 有些不容易开动。

48.下列说法正确的是( )。[北京理工大学·2020]

    A.金属的扩散系数越大, 抗蠕变性能越差

    B.金属熔点越高, 抗蠕变性能越差

    C.晶粒越细小, 抗蠕变性能越好

    D.以上均不正确

【答案】A

【解析】考查影响金属抗蠕变性能的因素。金属的蠕变变形主要是通过位错滑移、原子扩散等机理来进行的, 所以原子扩散系数越大, 抗蠕变性能越差, 蠕变性能越好。

49.要对陶瓷进行纤维增韧的原因是( )。[苏州大学·2020]

    A.陶瓷材料的高温力学性能、抗粒子冲刷性能、耐磨性能好

    B.纤维可以改善陶瓷低温性能差的缺陷

    C.陶瓷材料脆性高, 不能承受剧烈的机械冲击和热冲击

    D.需要进一步提高陶瓷的强度和模量

【答案】C

【解析】考查陶瓷材料的性能。陶瓷材料的硬度高, 强度、塑性、韧性低, 脆性大。

50.冷变形金属在退火时经历三个阶段, 下列( )过程中材料的强度和硬度发生显著变化。[上海理工大学·2021]

    A.再结晶　　　　　　B.回复　　　　　　C.晶粒长大

【答案】A

【解析】考查冷变形金属在退火后的组织和性能变化。再结晶会使金属材料的硬度和强度下降。

51.经塑性变形后的金属在高温热处理过程中发生了回复、再结晶、晶粒长大及二次再结晶过程, 它们的驱动力分别为( )。[东南大学·2014]

    A.前两者来源于变形储存能, 后两者来源于晶界能

    B.前两者来源于晶界能, 后两者来源于变形储存能

    C.均来源于外部加热的能量

    D.前三者来源于形变储存能, 最后者来源于晶界能

【答案】A

【解析】考查冷变形金属在退火后的组织和性能变化。回复和再结晶的驱动力是变形储存能,晶粒长大和二次再结晶的驱动力是界面能的降低。

52.冷变形金属的中温回复机制是(   )。[华中科技大学·2022]

　　A.点缺陷的迁移　　　　B.位错滑移　　　　　C.攀移

【答案】B

【解析】低温回复主要与点缺陷的迁移有关;中温回复会发生位错运动和重新分布;高温回复,刃型位错获得足够的能量,发生攀移。

53.回复后空位浓度(   )。[长安大学·2017]

　　A.显著降低　　　　　B.升高　　　　　C.先下降再升高　　　D.不变

【答案】A

【解析】考查冷变形金属在回复后的组织变化。回复后,空位会与间隙原子抵消,空位会显著降低。

54.再结晶(   )。[长安大学·2017]

　　A.可在任意变形度下进行

　　B.晶粒大小主要取决于变形量

　　C.室温下不能发生

【答案】B

【解析】考查再结晶后的组织和性能变化情况。变形量越大,再结晶退火后晶粒就越细小。

55.变形后的材料在低温回复阶段,其内部组织发生的显著变化是(   )。[深圳大学·2011]

　　A.点缺陷明显下降　　　　　　　　B.形成亚晶界

　　C.位错重新运动和分布　　　　　　D.位错攀移

【答案】A

【解析】考查回复后的组织变化情况。低温回复时,空位和间隙原子会相互作用,所以点缺陷明显下降。

56.下列过程与晶体中空位迁移过程关系不大的是(   )。[中国矿业大学(徐州)·2009]

　　A.变形孪晶　　　　B.回复　　　　C.位错攀移　　　　D.再结晶

【答案】A

【解析】考查回复后的组织变化情况。回复阶段,过量空位消失,趋于平衡空位浓度。位错攀移过程是原子不断填充空位的同时,在其他位置又形成新的空位,像多余半原子面不断攀移。变形孪晶是由晶体产生的均匀切变造成的,和空位迁移关系不大。再结晶需要形核与长大,均与原子扩散有关。

57.可能导致塑性变形后金属中出现多边化过程及亚晶的是(   )。[东南大学·2014]

　　A.高温回复　　　　　　　　　　B.再结晶

C.位错切过第二相　　　　　　　　　　D.固溶体无序－有序转变

【答案】A

【解析】高温回复的时候, 位错滑移和攀移会出现多边化组织。

58.下列不属于回复过程中性能变化的是( )。[上海交通大学·2021]

A.点缺陷浓度显著下降　　　　　　　　B.内应力完全消除

C.硬度、强度略微下降　　　　　　　　D.电阻率显著下降

【答案】B

【解析】考查回复过程中的性能变化情况。

内应力降低: 内应力不能完全消除。

59.冷变形金属在回复阶段可消除( )。[上海交通大学·2007]

A.微观内应力　　　　　　　　　　　　B.宏观内应力

C.宏观内应力和微观内应力　　　　　　D.晶格畸变

【答案】B

【解析】考查回复阶段的性能变化情况。回复阶段会消除宏观内应力、一部分微观内应力及点阵畸变。

60.某黄铜工件断裂, 经分析, 是由于该工件锻压成型后存在较大的宏观残余应力, 应如何改善?

( )[上海交通大学·2019]

A.冷变形处理　　　　　　　　　　　　B.热加工处理

C.再结晶处理　　　　　　　　　　　　D.回复处理

【答案】D

【解析】考查回复后性能的变化。回复可保持金属加工硬化, 消除大部分或全部宏观残余应力, 处理过程最为简单。

61.变形后的材料在低温回复阶段时, 其内部组织发生显著变化的是( )。[华中科技大学·2006]

A.点缺陷的明显下降　　　B.形成亚晶界　　　C.位错重新运动和分布

【答案】A

【解析】考查回复后组织的变化。低温回复时, 点缺陷浓度大大降低。

62.金属材料区别于其他材料的典型特征是( )。[华中科技大学·2004]

A.良好的导电性　　　　　　　　　　　B.良好的塑性可变形

C.随温度升高电阻增加　　　　　　　　D.随温度升高电阻降低

【答案】A

【解析】考查金属材料与其他材料性能特征的区别。金属材料拥有良好的导电性。

63.黄铜在经过塑性变形后易发生应力腐蚀,需在保持一定的硬度条件下消除宏观残余应力,可采用( )。[东南大学·2013]

 A.退火回复 B.退火再结晶

 C.应变时效 D.加大变形量

【答案】A

【解析】考查消除残余应力的工艺。回复过程保持加工硬化,可消除部分内应力,避免应力腐蚀。

64.回复和再结晶是经冷塑性变形晶体在加热时发生的涉及组织与性能的变化,其主要区别是( )。[东南大学·2019]

 A.回复是由变形储存能驱动的,再结晶是由界面能驱动的

 B.再结晶是一个形核长大的过程,而回复不是

 C.材料性能在回复时不会发生变化,而经再结晶后变化明显

 D.回复过程需要一个孕育期,而再结晶过程在加热后立刻开始

【答案】B

【解析】考查回复和再结晶的组织与性能的主要区别。

65.若要通过变形和再结晶方法获得细晶粒组织,应避免( )。[东南大学·2019]

 A.在临界变形量处进行塑性变形加工 B.大变形量

 C.较长的退火时间 D.较高的退火温度

【答案】A

【解析】考查变形量对金属再结晶退火后晶粒的影响。处于临界变形量的金属经过再结晶退火后,晶粒会粗大。

66.加工硬化是一种有效的强化手段,其缺点是( )。[四川大学·2009]

 A.只适用于双相材料 B.材料在高温下不适用

 C.只适用于单晶体 D.只适用于纯金属

【答案】B

【解析】考查加工硬化强化方式的应用。在高温下,加工硬化的材料会发生回复和再结晶。

67.要使再结晶的晶粒尺寸减小,应当( )。[上海交通大学·2020]

 A.提高形核率 N B.降低形核率 N C.提高长大速率 G D.提高温度 T

【答案】A

【解析】考查获得细小晶粒的方法。形核率 N 大于晶粒长大速率 G,会使晶粒变得细小。

68.关于回复与再结晶,正确的是( )。[上海交通大学·2019]

 A.回复不需要孕育能,再结晶需要孕育能

 B.回复不需要激活能,再结晶需要激活能

 C.都需要孕育能

D.回复不能降低变形态的应变能,再结晶能降低变形态的应变能

【答案】A

【解析】考查发生回复和再结晶的条件。回复不需要孕育能,需要激活能;再结晶需要孕育期(生成突出晶界所需的时间,该段时间内消耗的能量可以称为孕育能)。不同温度下的回复机制不同,如低温回复主要与点缺陷的迁移有关,因此其激活能跟点缺陷的迁移能相近,中温回复与位错的运动有关,高温回复位错产生攀移,使得位错重新分布,形成位错墙或多边化,这个过程需要能量激活位错进行相应的运动。回复和再结晶都能降低变形态的应变能。

69.再结晶晶核长大和再结晶晶粒长大的驱动力分别是(   )。[上海理工大学·2019]

A.变形储存能的升高;总晶界能的升高

B.变形储存能的升高;总晶界能的降低

C.变形储存能的降低;总晶界能的升高

D.变形储存能的降低;总晶界能的降低

【答案】D

【解析】考查发生再结晶和晶粒长大的驱动力。再结晶的驱动力为变形储存能的降低,晶粒长大的驱动力是晶界(界面)能的降低。

70.金属材料再结晶的标志为(   )。[华中科技大学·2023]

A.多边化过程　　　　　　　　　　　　B.新的等轴无畸变晶粒取代变形组织

C.缺陷密度大大降低　　　　　　　　　　D.宏观应力消除

【答案】B

【解析】考查完成再结晶的标志。冷变形后的金属加热到一定温度之后,在原变形组织中重新产生了无畸变的新晶粒,而性能也发生了明显的变化并恢复到变形前的状况,这个过程称为再结晶。

71.不能使冷变形金属再结晶速率增大的因素是(   )。[华中科技大学·2021]

A.变形程度　　　　　B.退火温度　　　　　C.退火时间　　　　　D.晶粒大小

【答案】C

【解析】考查影响再结晶速率的因素。退火时间对再结晶速率没有影响。

72.在室温下,把铁丝反复折弯,会越弯越硬,直到断裂;而铅丝在反复折弯下,却总是处于软态,其原因是(   )。[华中科技大学·2009]

A.在室温下铁发生加工硬化,不发生再结晶;铅不发生加工硬化,也不发生再结晶

B.在室温下铁发生加工硬化,发生再结晶;铅发生加工硬化,不发生再结晶

C.在室温下铁发生加工硬化,不发生再结晶;铅发生加工硬化,发生再结晶

D.在室温下铁发生加工硬化,不发生再结晶;铅发生加工硬化,不发生再结晶

【答案】C

【解析】考查在室温下,金属再结晶温度的不同,导致的加工种类不同。铁的再结晶温度高于室温,而铅的再结晶温度低于室温,所以室温下铁变形不发生再结晶,铅变形发生再结晶。

73.某工厂用一根冷拉钢丝绳吊装一个大型工件进入热处理炉,并随工件一起加热到860 ℃保温,当出炉后再次吊装工件时,钢丝绳发生断裂,原因是( )。[华中科技大学·2011]

A.发生固态相变　　B.发生再结晶　　C.发生回复　　D.发生加工硬化

【答案】B

【解析】考查加工变形后的钢丝绳在高温下组织和性能的变化。经过变形后的钢丝绳在高温下发生再结晶,使得钢丝绳的硬度、强度下降,从而发生断裂。

74.材料常用的加工方式再结晶的优点是( )。[苏州大学·2020]

A.发生了相的变化　　　　　　　　B.再生出大晶粒

C.发生形核和晶核长大　　　　　　D.系统低能转化为高能

【答案】C

【解析】考查材料再结晶后组织的变化。再结晶过程会发生形核和晶核长大,从而细化晶粒。

75.再结晶与重结晶都经历了形核与长大两个阶段,但再结晶前后晶粒( )。[太原理工大学·2018]

A.晶格类型与化学成分都改变　　　　B.晶格类型和化学成分都不变

C.晶格类型不变,化学成分改变　　　　D.晶格类型改变,化学成分不变

【答案】B

【解析】考查再结晶和重结晶的区别。再结晶不会改变晶体结构和化学成分。

76.二次再结晶是( )。[湖南大学·2005]

A.相变过程　　B.形核长大过程　　C.某些晶粒异常长大的现象

【答案】C

【解析】考查二次再结晶的定义。二次再结晶是再结晶结束后正常长大被抑制而发生的少数晶粒异常长大的现象。

77.在材料的烧结过程中发生二次再结晶时,表现出来的特征是( )。[南京工业大学·2019]

A.少数晶粒的异常长大　　　　　　B.平均晶粒尺寸的长大

C.不改变晶粒尺寸的分布　　　　　　D.以上都不对

【答案】A

【解析】考查二次再结晶的定义。

78.铝铸锭在300 ℃下进行塑性变形时,其组织变化为( )。[哈尔滨工业大学·2010]

A.形成纤维组织

B.位错密度升高,形成形变胞或形变亚晶

C.产生残余内应力和点阵畸变

D.气泡焊合、缩松压实、成分均匀化

【答案】D

【解析】考查热加工后组织和性能变化。经过计算,铝的再结晶温度为150 ℃,所以300 ℃为热加工。热加工使金属中气泡焊合、缩松压实、成分均匀化。

79.(多选)纯铝在室温下进行塑性变形时,其组织和性能的变化有(　　　　)。[哈尔滨工业大学·2008]

A.逐渐形成纤维组织和形变织构

B.位错密度升高,形成形变胞

C.残余内应力和点阵畸变减少

D.呈现形变强化和各向异性

【答案】ABD

【解析】考查冷加工后组织和性能变化。

80.已知Fe 的 T_m=1 538 ℃,则纯Fe 的再结晶温度约为(　　　　)。[国防科技大学·2017]

A.200 ℃　　　　　B.450 ℃　　　　　C.550 ℃　　　　　D.700 ℃

【答案】B

【解析】考查再结晶温度的计算。 $T_R = 0.4 \times T_m = 0.4 \times (1\,538 + 273) - 273 \approx 450(℃)$ 。

81.纯铅可在室温下(20 ℃)持续进行塑性变形,其主要原因是(　　　　)。[东南大学·2013]

A.铅为面心立方结构

B.纯铅中杂质含量较少

C.铅的再结晶温度较低

D.铅的变形抗力较小

【答案】C

【解析】考查再结晶温度的计算,判断加工是冷加工还是热加工。铅的再结晶温度为 −33 ℃,低于室温,所以在室温下为热加工。

82.热加工是指材料在其(　　　　)以上的加工过程。[天津大学·2006]

A.相变温度　　　　　　　　　　B.奥氏体化温度

C.再结晶温度　　　　　　　　　D.回复温度

【答案】C

【解析】考查热加工的定义。

83.在金属材料中熔入高熔点金属元素,会(　　　　)。[北京理工大学·2018]

A.提高金属抗蠕变性能

B.降低金属抗蠕变性能

C.对抗蠕变性能影响不大

D.以上都不对

【答案】A

【解析】考查高熔点金属元素对抗蠕变性能的影响。

84.NaCl 单晶体滑移系有( )个。[北京大学·2025]

    A. 4   B. 6   C. 8   D. 12

【答案】B

【解析】滑移系为 $\{110\}\ <1\bar{1}0>$ ，总共6个。

85.以下不能用柯氏气团解释的是( )。[上海交通大学·2025]

    A.包申格效应   B.屈服效应

    C.吕德斯带   D.应变时效

【答案】A

【解析】包申格效应与柯氏气团理论毫无关系，属于弹性不完整性。

86.超塑性的特征是( )。[上海交通大学·2025]

    A.等轴晶粒

    B.位错密度显著增多

    C.两个带状分布的组织，超塑性之后仍旧是带状

    D.织构组织在超塑性之后仍旧不变

【答案】A

【解析】超塑性变形过程中，晶粒始终是等轴的。

87.冷变形金属退火后，其电阻率下降，但力学性能变化不大，这是发生了( )。[上海交通大学·2024]

    A.动态回复   B.动态再结晶

    C.回复   D.再结晶

【答案】C

【解析】回复过程中，点缺陷显著减少，位错密度变化不大，加工硬化基本保留。

88.面心立方晶体中不能滑移的位错是( )。[上海交通大学·2024]

    A.1/6 [211]   B.1/3 [111]   C.1/2 [110]   D.不能确定

【答案】B

【解析】弗兰克不全位错不可以滑移。

89.再结晶温度会随着(　　　)而升高。[上海交通大学·2024]

A.微量溶质元素含量增加

B.原始变形量加大

C.原始晶粒尺寸减小

D.分散相粒子间距增大

【答案】A

【解析】其余几个因素都是促进再结晶的,会降低再结晶温度。

第六章　单组元相图及纯晶体的凝固

一、判断题

1. 相律是体系的自由度数,单组元相图中,自由度等于独立组分数加2。(　　)[中国科学技术大学·2020]

2. 相是指结构相同、成分和性能均一并以界面相互分开的物质组成部分。(　　)[华中科技大学·2005]

3. 根据相律,一元系最多三相共存,二元系最多四相共存,三元系最多五相共存。(　　)[西安交通大学·2021]

4. 相律适用于热力学平衡状态,仅能指明体系中组元和相数,不能指明组元或相的类型和含量。(　　)[西安交通大学·2019]

5. 由液相到固相的转变叫作结晶。(　　)[西安交通大学·2021]

6. 液态金属的结构特点是短程有序,长程无序。(　　)[四川大学·2008]

7. 达到一定的过冷度是纯金属熔体结晶的必要条件。(　　)[中国科学技术大学·2011]

8. 凝固必须过冷,而熔化无须过热。(　　)[西南交通大学·2011]

9. 动态过冷度是指金属结晶时在冷却曲线上出现的平台温度与熔点之差。(　　)[中国矿业大学·2023]

10. 金属结晶时,晶体长大所需的动态过冷度有时比形核所需的临界过冷度大。(　　)[厦门大学·2009]

11. 液态金属结晶的过程是形核与晶核的长大过程,从热力学角度看,没有过冷度,结晶就没有驱动力。(　　)[上海理工大学·2019]

12. 在熔体析晶过程中,发生均相成核时,必须有过冷度存在。(　　)[南京工业大学·2021]

13. 若在过冷液体中,外加1 000颗形核剂,则结晶后就可以形成1 000颗晶粒。(　　)[中国矿业大学·2015]

14. 液态金属中,固相晶核的形核率只与临界形核功有关。(　　)[大连理工大学·2023]

15. 过冷熔液中,临界形核半径越小,临界形核功就越小,因此过冷度越小,越容易形核。(　　)[厦门大学·2021]

16. 从非均匀形核功的计算公式

$$\frac{\Delta G_{\text{非}}^{*}}{\Delta G_{\text{均}}^{*}}=\frac{2-3\cos\theta+\cos^{3}\theta}{4}=S(\theta)$$

中可以看出,当润湿角 = 0°时,非均匀形核的形核功最小。(　　)[厦门大学·2007]

17. 晶体凝固时,形成的稳定晶核必然要长大,体系总自由能随长大过程而降低是凝固的驱动力。(　　)[北京工业大学·2011]

18. 晶粒的正常长大是晶粒的均匀长大, 异常长大是少数几个晶粒择优生长为特大晶粒的不均匀长大过程。( ) [太原理工大学·2017]

19. 晶体长大时, 具有光滑界面晶体的生长为纵向生长。( ) [北京工业大学·2011]

20. 非均匀成核借助容器壁、微裂纹及各种催化位置提高成核位垒。( ) [天津大学·2022]

21. 从宏观上观察, 若液-固界面是平直的, 则称为光滑界面; 若是呈锯齿状的, 则称为粗糙界面。( ) [中国矿业大学·2004]

22. 纯金属结晶呈树枝状生长或呈平面状生长, 仅取决于该金属的熔化熵。( ) [中国矿业大学·2004]

23. 从产生成分过冷的条件 $G/R < (mw_0/D)[(1-k_0)/k_0]$ 可知, 合金中溶质浓度越高, 成分过冷区域越大, 越容易形成胞状组织或树枝晶。( ) [太原理工大学·2018]

24. 纯金属在正温度梯度下凝固, 结晶潜热只能通过液相散失, 因此只能呈平面状长大。( ) [北京理工大学·2022]

25. 液态纯金属中加入形核剂, 其生长形态总是呈树枝状。( ) [厦门大学·2009]

26. 结晶时, 凡能提高形核率、降低生长率的因素, 都能使晶粒细化。( ) [四川大学·2010]

27. 在研究某金属细化晶粒工艺时, 主要寻找那些熔点低、与该金属晶格常数相近的形核剂, 其形核的催化效能最高。( ) [中国矿业大学·2015]

28. 对于成分一定的固溶体合金结晶过程, 生产上一般是通过控制温度梯度来控制成分过冷区大小的, 温度梯度越平缓, 成分过冷区就越大。( ) [太原理工大学·2007]

二、填空题

1. 凝聚态系统中, 相律的表达式为_____。常压下, 二元系合金三相平衡时自由度为_____。[天津理工大学·2015]

2. 单组元体系中, 最多可以平衡的相数为_____。[国防科技大学·2016]

3. 相图是描述在平衡条件下材料的相平衡状态与_____、_____和_____等外部条件之间关系的图解。[太原理工大学·2017]

4. 金属结晶过程是一个不断_____和_____的过程, 直至液体耗尽为止。[太原理工大学·2015]

5. 固溶体合金结晶过程中遵循形核和核长大规律, 但它不同于纯金属的是, 形核时还额外需要_____起伏, 它也是在_____过程中进行的, 同时, 在结晶过程中始终伴随着_____的扩散。[云南大学·2010]

6. 在金属学中, 通常把金属从液态过渡为固态晶体的转变称为_____, 而把金属从一种固态过渡到另一种固态的转变称为_____。[天津理工大学·2012]

7. _____是指晶核长大所需的界面过冷度, 是材料凝固的必要条件。[四川大学·2014]

8. 结晶的形核方式有_____和_____。[天津理工大学·2020]

9.晶体的凝固过程经历_____和_____两个阶段。光滑界面的纯金属在负的温度梯度下,生长形态是_____。[天津理工大学·2015]

10.增加过冷度,临界晶核半径会_____,形核功会_____。[上海理工大学·2023]

11.根据晶体长大机制,具有光滑界面的晶体为_____,具有粗糙界面的晶体为_____。[天津理工大学·2019]

12.纯金属结晶形成树枝晶的条件是_____。[河北工业大学·2004]

13.纯金属只有在_____温度梯度下才会以树枝状生长,而固溶体合金树枝状生长方式的原因还包括_____。[武汉大学·2011]

14.成分过冷区从小到大,其固溶体的生长形态分别为_____、_____和_____。[南京航空航天大学·2004]

15.凝固过程中,随液–固界面的推进,液–固界面附近液相一侧产生溶质原子富集,导致液相的熔点发生改变,由此产生的过冷现象称为_____。无成分过冷时,固溶体以平面状生长,形成_____;有较小过冷度时,形成_____;有较大成分过冷时,形成_____。[西南交通大学·2016]

16.凝固时,晶体长大的方式和形态与液–固界面的_____和界面前沿的_____有关。[北京工业大学·2025]

三、选择题

1.相律描述了体系组元数 C、相数 P 及自由度 f 之间的关系,在单组元相图中,其通式为(   )。[上海科技大学·2023]

  A.$f = C-P+3$ B.$f = C-P+4$ C.$f = C-P+2$

2.下列相变过程中自由度为零的是(   )。[国防科技大学·2016]

  A.水的凝固过程

  B.常压下水的凝固过程

  C.常压下盐水的凝固过程

3.单组分体系的三相点是(   )。[中国科学技术大学·2014]

  A.某一温度,超过此温度,液相就不能存在

  B.通常发现在很靠近正常沸点的某一温度

  C.液体的蒸气压等于 25 ℃时的蒸气压三倍数值时的温度

  D.固体、液体和气体可以平衡共存时的温度和压力

4.相图是研究材料的有力工具,下列关于相图的说法,错误的是(   )。[东南大学·2016]

  A.可以利用相图判断某合金系平衡转变过程中出现的相

  B.可以利用相图分析某成分合金平衡冷却过程的组织转变

C.可以利用相图分析某成分合金非平衡凝固过程中的组织转变

D.可以利用相图分析某成分合金平衡冷却到室温时的组织

5.下列有关液态金属的特征表述,错误的是(　　　)。[东南大学·2019]

　A.液态金属近邻原子的结合键与固态金属相近

　B.液态金属的原子间距与固态金属相近

　C.液态金属原子排列存在长程有序

　D.液态金属的原子运动状态与固态金属相近

6.纯金属结晶的必要条件不包括(　　　)。[中国矿业大学·2023]

　A.过冷　　　　　　B.结构起伏　　　　　C.成分起伏　　　　D.能量起伏

7.结晶相变的动力学条件是液-固界面前沿的温度 T_n 比熔点的温度 T_m(　　　)。[云南大学·2007]

　A.高　　　　　　　B.低　　　　　　　　C.相等　　　　　　D.无法确定

8.凝固的热力学条件是(　　　)。[东南大学·2022]

　A.化学势　　　　　B.过冷度　　　　　C.系统自由能增加　　D.应变能

9.(多选)影响结晶过冷度的因素有(　　　)。[哈尔滨工业大学·2012]

　A.金属本性。金属不同,其过冷度大小不同

　B.金属的纯度。纯度越高,其过冷度越大

　C.冷却速度。冷却速度越大,其过冷度越大

　D.铸造模具所用材料。金属模具大于砂模的过冷度

10.下列属于正常凝固的是(　　　)。[东南大学·2019]

　A.平衡凝固　　　　　　　　　　B. $k_0 = k_e$

　C. $k_e > 1$　　　　　　　　　　D.固-液界面处存在边界层

11.液态金属凝固时,一旦晶胚形成,则(　　　)。[东南大学·2017]

　A.系统自由焓一直下降　　　　　B.系统自由焓先下降后上升

　C.系统自由焓一直上升　　　　　D.系统自由焓先上升后下降

12.实际金属结晶后往往形成(　　　),使性能呈无向性。[天津工业大学·2023]

　A.单晶体　　　　　B.多晶体　　　　　C.非晶体

13.临界晶核的晶体自由能(　　　)。[南方科技大学·2022]

　A.大于0　　　　　　　　　　　　B.小于0

　C.等于0　　　　　　　　　　　　D.可大于、小于或等于0

14.固溶体析出过程中,通常先形成过渡相而不直接形成平衡相,其原因为(　　　)。[东南大学·2015]

　A.直接形成平衡相需要的形核功比形成过渡相需要的形核功大

B. 平衡相的尺寸较大, 因此难以形核

C. 平衡相的晶体结构比较复杂, 因此难以形核

D. 平衡相与固溶体成分相差较大, 因此难以形核

15. 纯金属在某一温度 $T(T<T_{m})$ 平衡凝固时, 当临界晶核 $(r=r*)$ 形成后, 晶核能进一步长大, 这是因为(　　)。[国防科技大学·2015]

A. $r>r*$, 体积自由能的增加大于表面自由能的增加

B. $r>r*$, 体积自由能的增加小于表面自由能的增加

C. $r>r*$, 体积自由能的减少(绝对值)大于表面自由能的增加

16. (多选) 影响表面能的因素有(　　)。[哈尔滨工业大学·2018]

A. 外部介质的性质

B. 裸露晶面的密度

C. 材料晶体的结合能

D. 表面的曲率

17. (多选) 固态相变形核的阻力是(　　)。[东南大学·2021]

A. 晶界能　　　　　　　　　　　　　B. 两相体积差

C. 弹性应变能　　　　　　　　　　　D. 塑性应变能

18. 形核功的概念是(　　)。[东南大学·2008]

A. 结晶过程中外界必须为系统提供的能量

B. 结晶过程中系统能量起伏所能达到的最高能量

C. 结晶过程中晶胚要实现稳定长大所需克服的能量势垒

D. 系统处于液态和固态时自由焓之差

19. 在单相组织中存在着大小不等的晶粒, 在长大过程中, (　　)。[上海理工大学·2018]

A. 晶面将移向小晶粒一方, 最后小晶粒将消失

B. 小晶粒移向大晶粒, 直至晶粒尺寸趋于一致

C. 大小晶粒会同时长大

D. 大晶粒会减慢长大, 小晶粒加速长大, 最后晶粒大小相等

20. 以下几种晶体生长方式中, 速度最快的是(　　)。

A. 连续长大　　　　　B. 二维晶核长大　　　　　C. 螺型位错长大

21. 某纯金属凝固时的形核功为 ΔG_{c}, 其临界晶核界面能为 σA_{c}, 则 ΔG_{c} 和 σA_{c} 的关系为(　　)。

[东南大学·2012]

A. $\sigma A_{c}=3\Delta G_{c}$　　　　　　　　　　　　　B. $\sigma A_{c}=\dfrac{3}{\Delta G_{c}}$

C. $\sigma A_c = \dfrac{2}{3\Delta G_c}$ 　　　　　　　　　　　　D. $\sigma A_c = \Delta G_c$

22. (多选)调幅分解是固体分解的一种特殊形式, 其特征可描述为(　　)。[哈尔滨工业大学·2012]

　　A.一种固溶体分解为成分不同而结构相同的两种固溶体

　　B.无形核与长大过程的转变

　　C.保持共格关系的转变

　　D.一种同素异构转变

23. 以下关于调幅分解的表述, 正确的是(　　)。[国防科技大学·2016]

　　A.调幅分解是自发分解过程, 不需要形核功

　　B.调幅分解也是通过晶核的形成和晶核的长大过程完成的

　　C.相图上成分位于固溶体分解线内的合金均可以产生调幅分解

24. 设均匀形核时, 其晶核为球形。ΔG^*(临界形核功)与 V_c(临界晶核体积)和 ΔG_V(液−固转变单位体积自由能)的变化关系为 $\Delta G^* = ($　　$) V_c \times \Delta G_V$。[哈尔滨工业大学·2022]

　　A. 1/3　　　　　　B.−1/2　　　　　　C.−2/3　　　　　　D. 1/2

25. 形核率随着温度的降低而(　　)。[东南大学·2021]

　　A.不断减小　　　　　　　　　　　B.不断增大

　　C.先减小后增大　　　　　　　　　D.先增大后减小

26. (多选)影响非均匀形核率的主要因素有(　　)。[哈尔滨工业大学·2011]

　　A.过冷度　　　　　　　　　　　　B.晶核与固态杂质结构上的相似度

　　C.固态杂质表面的凹凸度　　　　　D.振动与搅拌

27. 与非均匀形核时润湿角的大小有关的因素是(　　)。[中山大学·2022]

　　A.晶核与形核基底之间的界面能 $\sigma_{\alpha B}$　　　　B.形核的驱动力 ΔG_V 图

　　C.过冷度 ΔT　　　　　　　　　　　D.系统的熔点 T_m

28. (多选)对于平衡分配系数 $k_0 < 1$ 的固溶体合金而言, (　　), 越有利于出现成分过冷。[哈尔滨工业大学·2008]

　　A.液相中的温度梯度 G 越小　　　　　B.结晶速度 R 越大

　　C.溶质浓度 C_0 越大　　　　　　　　D.液相线的斜率 m 越小

29. 关于成分过冷, 下列说法错误的是(　　)。[东南大学·2014]

　　A.液−固相线间距越大, 成分过冷区越大　　　　B.液相线斜率越大, 成分过冷区越大

　　C.扩散系数越大, 成分过冷区越大　　　　　　D.凝固速度越高, 成分过冷区越大

30.(多选) 以下对成分过冷影响因素的描述中, 正确的有(　　　)。[哈尔滨工业大学·2018]

A. 液相线斜率越大, 成分过冷越大

B. 温度梯度越大, 成分过冷越大

C. 结晶速度越快, 成分过冷越大

D. 平衡分配系数 k_0 越远离 1, 成分过冷越大

31.(多选) 具有粗糙界面的合金在负的温度梯度下的生长机制和晶体形貌是(　　　)。[哈尔滨工业大学·2018]

A. 二维晶核长大机制　　　　　　　B. 螺型位错长大机制

C. 垂直长大机制　　　　　　　　　D. 可能生成树枝晶

32. 大部分结晶潜热从液相散出, 结晶状态为(　　　)。[大连理工大学·2011]

A. 树枝晶　　　　　　B. 柱状晶　　　　　　C. 球状晶

33. 生长速度与动态过冷度的平方成正比的长大机制是(　　　)。[大连理工大学·2011]

A. 连续长大　　　　　B. 二维晶核长大　　　　C. 螺型位错长大

34. 在正的温度梯度下凝固, 不能得到树枝状组织的材料是(　　　)。[哈尔滨工业大学·2023]

A. 纯 Al　　　　　　　　　　　　B. Al–Mg 合金

C. Al–Cu 合金　　　　　　　　　D. Al–Cu–Mg 合金

35.(多选) 熔铸时在铝和铝合金中添加少量钛粉, 则(　　　)。[哈尔滨大学·2020]

A. 促进均匀化形核　　　　　　　B. 称为时效处理

C. 促进非均匀形核　　　　　　　D. 称为变质处理

36. 晶粒尺寸和形核率 N、线长大速度 v_g 之间的关系是(　　　)。[国防科技大学·2015]

A. N/v_g 越大, 晶粒尺寸越大

B. v_g/N 越大, 晶粒尺寸越大

C. v_g 越小, 晶粒尺寸越小

37. 使用下列方法凝固时, 不能有效降低晶粒尺寸的是(　　　)。[东南大学·2016]

A. 加入形核剂　　　　　　　　　B. 减小液相过冷度

C. 对液相进行搅拌　　　　　　　D. 增大过冷度

38.(多选) 根据结晶时形核和长大规律, 为了细化铸锭中或焊缝区的晶粒, 可采用的方法有(　　　)。[哈尔滨工业大学·2008]

A. 提高过冷度, 以提高形核率和长大速率的比值

B. 变质处理

C. 调质处理

D. 对即将凝固的金属进行搅拌和振动

39.与凝固形核率最大的温度相比,使晶体长大速率最大的温度为( )。[上海交通大学·2025]

A.更高的温度　　　　　　　　　　　B.更低的温度

C.一样的温度　　　　　　　　　　　D.最大相变速率温度

40.水、冰和水蒸气三相共存时的自由度为( )。[上海交通大学·2025]

A.3　　　　　　　B.2　　　　　　　C.1　　　　　　　D.0

41.晶体凝固时,若以均匀形核方式进行,则当形成临界晶核时,自由能( )。[上海交通大学·2024]

A.升高　　　　　　B.降低　　　　　　C.不变　　　　　　D.不能确定

答案与解析

一、判断题

1. 相律是体系的自由度数, 单组元相图中, 自由度等于独立组分数加 2。(　　) [中国科学技术大学·2020]

【答案】×

【解析】考查相律和单组元相图。相律基本公式: $f=C-P+2$。

2. 相是指结构相同、成分和性能均一并以界面相互分开的物质组成部分。(　　) [华中科技大学·2005]

【答案】√

【解析】考查相律和单组元相图——相的概念。

3. 根据相律, 一元系最多三相共存, 二元系最多四相共存, 三元系最多五相共存。(　　) [西安交通大学·2021]

【答案】×

【解析】考查相律和单组元相图。二元系最多三相共存, 三元系最多四相共存。

4. 相律适用于热力学平衡状态, 仅能指明体系中组元和相数, 不能指明组元或相的类型和含量。(　　) [西安交通大学·2019]

【答案】√

【解析】考查相律和单组元相图——相律的适用条件。

5. 由液相到固相的转变叫作结晶。(　　) [西安交通大学·2021]

【答案】×

【解析】考查纯晶体的凝固。当固相为晶体时, 液相到固相的转变叫作结晶。

6. 液态金属的结构特点是短程有序, 长程无序。(　　) [四川大学·2008]

【答案】√

【解析】考查纯晶体的凝固。液态结构的最重要特征是原子排列为长程无序、短程有序, 并且短程有序原子集团不是固定不变的, 它是一种此消彼长、瞬息万变、尺寸不稳定的结构, 这种现象称为结构起伏, 有别于晶体长程有序的稳定结构。

7. 达到一定的过冷度是纯金属熔体结晶的必要条件。(　　) [中国科学技术大学·2011]

【答案】√

【解析】考查纯晶体的凝固。晶体凝固的热力学条件——过冷度。

8. 凝固必须过冷, 而熔化无须过热。(　　) [西南交通大学·2011]

【答案】×

【解析】考查纯晶体的凝固。凝固的必要条件是过冷度大于0。熔化分两种情况：如果在真空中熔化，那么需要过热；如果在正常环境中熔化，则不需要过热。

9.动态过冷度是指金属结晶时在冷却曲线上出现的平台温度与熔点之差。（　　）[中国矿业大学·2023]

【答案】×

【解析】考查纯晶体的凝固。凝固过程中，液-固界面前沿实际温度和熔点的差值称为动态过冷度。

10.金属结晶时，晶体长大所需的动态过冷度有时比形核所需的临界过冷度大。（　　）[厦门大学·2009]

【答案】×

【解析】考查纯晶体的凝固——晶体长大。金属结晶时，晶体长大所需的动态过冷度比形核所需的临界过冷度小。

11.液态金属结晶的过程是形核与晶核的长大过程，从热力学角度看，没有过冷度，结晶就没有驱动力。（　　）[上海理工大学·2019]

【答案】√

【解析】考查纯晶体的凝固。晶体凝固的热力学条件——过冷度。

12.在熔体析晶过程中，发生均相成核时，必须有过冷度存在。（　　）[南京工业大学·2021]

【答案】√

【解析】考查纯晶体的凝固。晶体凝固的热力学条件——过冷度。

13.若在过冷液体中，外加1 000颗形核剂，则结晶后就可以形成1 000颗晶粒。（　　）[中国矿业大学·2015]

【答案】×

【解析】考查纯晶体的凝固。结晶后形成的晶粒可以远远大于1 000颗。

14.液态金属中，固相晶核的形核率只与临界形核功有关。（　　）[大连理工大学·2023]

【答案】×

【解析】考查纯晶体的凝固。其不仅与临界形核功有关，还与扩散因子有关。

15.过冷熔液中，临界形核半径越小，临界形核功就越小，因此过冷度越小，越容易形核。（　　）[厦门大学·2021]

【答案】×

【解析】考查纯晶体的凝固。

$$\Delta G_{\mathrm{V}}=\frac{-L_{\mathrm{m}}\Delta T}{T_{\mathrm{m}}}, \quad r^*=-\frac{2\sigma}{\Delta G_{\mathrm{V}}}=\frac{2\sigma\cdot T_{\mathrm{m}}}{L_{\mathrm{m}}\cdot\Delta T}, \quad \Delta G^*=\frac{16\pi\sigma^3}{3(\Delta G_{\mathrm{V}})^2}=\frac{16\pi\sigma^3 T_{\mathrm{m}}^2}{3(L_{\mathrm{m}}\cdot\Delta T)^2}$$

过冷度越大，临界形核半径越小，临界形核功越小，越容易形核。

16. 从非均匀形核功的计算公式

$$\frac{\Delta G_{\text{非}}^{*}}{\Delta G_{\text{均}}^{*}}=\frac{2-3\cos\theta+\cos^{3}\theta}{4}=S(\theta)$$

中可以看出, 当润湿角 $\theta=0°$ 时, 非均匀形核的形核功最小。(　　)[厦门大学·2007]

【答案】√

【解析】考查纯晶体的凝固。当润湿角 $\theta=0°$ 时, 金属液体与接触固体的接触面最大, 外界提供的能量最多, 长大所需消耗的形核功最小。

17. 晶体凝固时, 形成的稳定晶核必然要长大, 体系总自由能随长大过程而降低是凝固的驱动力。

(　　)[北京工业大学·2011]

【答案】√

【解析】考查纯晶体的凝固。自由能越小, 晶体越稳定。

18. 晶粒的正常长大是晶粒的均匀长大, 异常长大是少数几个晶粒择优生长为特大晶粒的不均匀长大过程。(　　)[太原理工大学·2017]

【答案】√

19. 晶体长大时, 具有光滑界面晶体的生长为纵向生长。(　　)[北京工业大学·2011]

【答案】×

【解析】考查纯晶体的凝固——晶体长大。光滑界面晶体的生长为横向生长, 如借螺型位错长大和二维晶核长大均为横向生长。

20. 非均匀成核借助容器壁、微裂纹及各种催化位置提高成核位垒。(　　)[天津大学·2022]

【答案】×

【解析】考查纯晶体的凝固。非均匀成核借助表面、界面、微裂纹及各种催化位置成核。界面代换比界面创生所需能量少, 因此成核位垒低。

21. 从宏观上观察, 若液-固界面是平直的, 则称为光滑界面; 若是呈锯齿状的, 则称为粗糙界面。

(　　)[中国矿业大学·2004]

【答案】×

【解析】考查纯晶体的凝固——晶体长大的液-固界面构造。光滑界面宏观上曲折, 微观上光滑; 粗糙界面宏观上光滑, 微观上曲折。

22. 纯金属结晶呈树枝状生长或呈平面状生长, 仅取决于该金属的熔化熵。(　　)[中国矿业大学·2004]

【答案】×

【解析】考查纯晶体凝固时的生长形态。纯金属结晶的生长形态不仅与熔化熵有关, 还与液-固界面的结构有关。

23.从产生成分过冷的条件$G/R < (mw_0/D)[(1-k_0)/k_0]$可知, 合金中溶质浓度越高, 成分过冷区域越大, 越容易形成胞状组织或树枝晶。(　　　)[太原理工大学·2018]

【答案】√

【解析】考查合金的凝固——成分过冷。合金中的溶质浓度越高, 形成成分过冷的趋势越大。凝固时, 由于溶质再分配造成固-液界面前沿溶质浓度变化, 引起理论凝固温度的改变而在液-固界面前液相内形成过冷。这种由固-液界面前方溶质再分配引起的过冷称为成分过冷。其由界面前方的实际温度和液相线温度分布共同决定。

成分过冷不仅受热扩散的控制, 更受溶质扩散的控制。成分过冷必须具备两个条件: 一是固-液界面前沿溶质的富集而引起成分再分配; 二是固-液界面前方液相的实际温度分布, 或温度分布梯度达到一定的值。

成分过冷对合金凝固组织形态的影响: 随着成分过冷度从小变大, 界面成长形状从平直界面向胞状和树枝状发展。

24.纯金属在正温度梯度下凝固, 结晶潜热只能通过液相散失, 因此只能呈平面状长大。(　　　)[北京理工大学·2022]

【答案】×

【解析】考查纯晶体凝固时的生长形态。纯金属在正温度梯度下凝固, 结晶潜热只能通过固相散失, 因此只能呈平面状长大。

25.液态纯金属中加入形核剂, 其生长形态总是呈树枝状。(　　　)[厦门大学·2009]

【答案】×

【解析】考查纯晶体凝固时的生长形态。形核剂不改变晶体的生长形态。

26.结晶时, 凡能提高形核率、降低生长率的因素, 都能使晶粒细化。(　　　)[四川大学·2010]

【答案】√

【解析】考查凝固后细晶的获得。纯晶体凝固时获得细晶。

27.在研究某金属细化晶粒工艺时, 主要寻找那些熔点低、与该金属晶格常数相近的形核剂, 其形核的催化效能最高。(　　　)[中国矿业大学·2015]

【答案】×

【解析】考查凝固后细晶的获得。在研究某金属细化晶粒工艺时, 主要寻找那些熔点高、与该金属晶格常数相近的形核剂, 其形核的催化效能最高。

28.对于成分一定的固溶体合金结晶过程, 生产上一般是通过控制温度梯度来控制成分过冷区大小的, 温度梯度越平缓, 成分过冷区就越大。(　　　)[太原理工大学·2007]

【答案】√

【解析】考查成分过冷。如图所示, 温度梯度G越小, 成分过冷区越大。

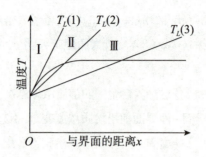

二、填空题

1. 凝聚态系统中, 相律的表达式为＿＿＿。常压下, 二元系合金三相平衡时自由度为＿＿＿。[天津理工大学·2015]

【答案】$f = C - P + 1$; 0。

【解析】考查相律与单组元相图。

2. 单组元体系中, 最多可以平衡的相数为＿＿＿。[国防科技大学·2016]

【答案】3。

【解析】考查相律与单组元相图。单组元体系最多三相平衡。

3. 相图是描述在平衡条件下材料的相平衡状态与＿＿＿、＿＿＿和＿＿＿等外部条件之间关系的图解。[太原理工大学·2017]

【答案】温度、压力、成分。

【解析】考查相律与单组元相图。

4. 金属结晶过程是一个不断＿＿＿和＿＿＿的过程, 直至液体耗尽为止。[太原理工大学·2015]

【答案】形核; 长大。

【解析】考查纯晶体的凝固。了解金属结晶的特点。

5. 固溶体合金结晶过程中遵循形核和核长大规律, 但它不同于纯金属的是, 形核时还额外需要＿＿＿起伏, 它也是在＿＿＿过程中进行的, 同时, 在结晶过程中始终伴随着＿＿＿的扩散。[云南大学·2010]

【答案】成分; 变温; 异类原子。

【解析】考查固溶体合金的凝固。液态结构凝固需要三个起伏: 结构起伏、浓度起伏与能量起伏。

6. 在金属学中, 通常把金属从液态过渡为固态晶体的转变称为＿＿＿, 而把金属从一种固态过渡到另一种固态的转变称为＿＿＿。[天津理工大学·2012]

【答案】凝固; 同素异晶转变。

【解析】考查纯金属的凝固理论、结晶与同素异晶转变的概念。

7. _____是指晶核长大所需的界面过冷度, 是材料凝固的必要条件。［四川大学·2014］

【答案】动态过冷度。

【解析】考查纯晶体的凝固。凝固的热力学条件是存在过冷度, 其中界面上的为动态过冷度。

8. 结晶的形核方式有_____和_____。［天津理工大学·2020］

【答案】均匀形核、非均匀形核。

【解析】考查纯晶体的凝固——形核的两种方式。

9. 晶体的凝固过程经历_____和_____两个阶段。光滑界面的纯金属在负的温度梯度下, 生长形态是_____。［天津理工大学·2015］

【答案】形核、长大; 树枝状或者平面树枝状。

【解析】考查纯晶体的凝固——晶体的形貌。

10. 增加过冷度, 临界晶核半径会_____, 形核功会_____。［上海理工大学·2023］

【答案】减小; 降低。

【解析】考查纯晶体的凝固——形核时过冷度对临界晶核及形核功的影响。

11. 根据晶体长大机制, 具有光滑界面的晶体为_____, 具有粗糙界面的晶体为_____。［天津理工大学·2019］

【答案】横向生长; 垂直生长。

【解析】考查纯晶体的凝固——不同界面生长的方式。

12. 纯金属结晶形成树枝晶的条件是_____。［河北工业大学·2004］

【答案】负温度梯度和粗糙界面。

【解析】考查纯晶体的凝固——控制结晶后形成树枝状生长形态的条件。

13. 纯金属只有在_____温度梯度下才会以树枝状生长, 而固溶体合金树枝状生长方式的原因还包括_____。［武汉大学·2011］

【答案】负; 成分过冷。

【解析】考查纯晶体与合金的凝固——控制结晶后形成树枝状生长形态的条件。

14. 成分过冷区从小到大, 其固溶体的生长形态分别为_____、_____和_____。［南京航空航天大学·2004］

【答案】平面状; 胞状; 树枝状。

【解析】考查合金的凝固。结晶后的生长形态有三种: 平面状、胞状与树枝状。

15. 凝固过程中, 随液-固界面的推进, 液-固界面附近液相一侧产生溶质原子富集, 导致液相的熔点发生改变, 由此产生的过冷现象称为_____。无成分过冷时, 固溶体以平面状生长, 形成_____; 有较小过冷度时, 形成_____; 有较大成分过冷时, 形成_____。［西南交通大学·2016］

【答案】成分过冷; 等轴晶; 胞状组织; 树枝晶。

【解析】考查合金的凝固、成分过冷的概念及结晶后的生长形态。结晶后生长形态有三种: 平面状、胞状与树枝状。

16.凝固时, 晶体长大的方式和形态与液–固界面的_____和界面前沿的_____有关。[北京工业大学·2025]

【答案】微观形貌; 温度梯度。

【解析】影响晶体生长的因素不仅有液–固界面的微观形貌, 还有界面前沿的温度梯度。

三、选择题

1.相律描述了体系组元数 C、相数 P 及自由度 f 之间的关系, 在单组元相图中, 其通式为( )。[上海科技大学·2023]

A.$f=C-P+3$　　　　　B.$f=C-P+4$　　　　　C.$f=C-P+2$

【答案】C

【解析】考查相律和单组元相图。$f=C-P+2$。

2.下列相变过程中自由度为零的是( )。[国防科技大学·2016]

A.水的凝固过程

B.常压下水的凝固过程

C.常压下盐水的凝固过程

【答案】B

【解析】考查相律和单组元相图——相律计算。根据常压下的相律公式 $f=C-P+1$, 可知常压下水的组元数为1, 平衡相数为2, 自由度 $f=1-2+1=0$。

3.单组分体系的三相点是( )。[中国科学技术大学·2014]

A.某一温度, 超过此温度, 液相就不能存在

B.通常发现在很靠近正常沸点的某一温度

C.液体的蒸气压等于25 ℃时的蒸气压三倍数值时的温度

D.固体、液体和气体可以平衡共存时的温度和压力

【答案】D

【解析】考查相律和单组元相图——相平衡。相平衡需看相图的成分、温度和压力。

4.相图是研究材料的有力工具, 下列关于相图的说法中, 错误的是( )。[东南大学·2016]

A.可以利用相图判断某合金系平衡转变过程中出现的相

B.可以利用相图分析某成分合金平衡冷却过程的组织转变

C.可以利用相图分析某成分合金非平衡凝固过程中的组织转变

D.可以利用相图分析某成分合金平衡冷却到室温时的组织

【答案】C

【解析】考查相律和相图——相平衡。相图所代表的信息——平衡状态下的相、组织转变及组织。

5.下列有关液态金属的特征表述, 错误的是(　　)。[东南大学·2019]

A.液态金属近邻原子的结合键与固态金属相近

B.液态金属的原子间距与固态金属相近

C.液态金属原子排列存在长程有序

D.液态金属的原子运动状态与固态金属相近

【答案】C

【解析】考查纯晶体的凝固——液态的结构。液态金属的原子大多间距短程有序、长程无序, 且运动状态不固定, 无结合键。

6.纯金属结晶的必要条件不包括(　　)。[中国矿业大学·2023]

A.过冷　　　　　　B.结构起伏　　　　　　C.成分起伏　　　　　D.能量起伏

【答案】C

【解析】考查纯晶体的凝固——晶体凝固的热力学条件。纯金属是单一组元, 不需要成分起伏。

7.结晶相变的动力学条件是液–固界面前沿的温度 T_n 比熔点的温度 T_m (　　)。[云南大学·2007]

A.高　　　　　　　B.低　　　　　　　　C.相等　　　　　　　D.无法确定

【答案】B

【解析】考查纯晶体的凝固——晶体凝固的热力学条件。这里是微观条件。液–固界面前沿必须有动态过冷度。

8.凝固的热力学条件是(　　)。[东南大学·2022]

A.化学势　　　　　B.过冷度　　　　　　C.系统自由能增加　　　D.应变能

【答案】B

【解析】考查纯晶体的凝固——晶体凝固的热力学条件。凝固的热力学条件: 过冷度。

9.(多选)影响结晶过冷度的因素有(　　)。[哈尔滨工业大学·2012]

A.金属本性。金属不同, 其过冷大小不同

B.金属的纯度。纯度越高, 其过冷度越大

C.冷却速度。冷却速度越大, 其过冷度越大

D.铸造模具所用材料。金属模具大于砂模的过冷度

【答案】ABCD

【解析】考查纯晶体的凝固——晶体凝固的热力学条件。结晶过冷度受金属本身、金属纯度、冷却速度和铸模材料影响。

10. 下列属于正常凝固的是( )。[东南大学·2019]

    A. 平衡凝固   B. $k_0 = k_e$

    C. $k_e > 1$ D. 固 – 液界面存在边界层

【答案】B

【解析】考查合金的凝固。在凝固过程中, 液 – 固界面的有效分配系数 $k_0 =$ 平衡分配系数 k_e。

11. 液态金属凝固时, 一旦晶胚形成, 则( )。[东南大学·2017]

    A. 系统自由焓一直下降   B. 系统自由焓先下降后上升

    C. 系统自由焓一直上升   D. 系统自由焓先上升后下降

【答案】D

【解析】考查纯晶体的凝固——晶体凝固的热力学条件。自由焓需要上升, 为晶胚提供长大的能量, 之后晶胚长大速度变慢, 系统自由焓自然下降。

12. 实际金属结晶后往往形成( ), 使性能呈无向性。[天津工业大学·2023]

    A. 单晶体   B. 多晶体   C. 非晶体

【答案】B

【解析】考查纯晶体的凝固——结晶。单晶体具有定向性, 多晶体由单晶体构成, 各单晶体取向各不相同, 故而多晶体无法呈现各向异性。

13. 临界晶核的晶体自由能( )。[南方科技大学·2022]

    A. 大于 0   B. 小于 0

    C. 等于 0   D. 可大于、小于或等于 0

【答案】A

【解析】ΔG 随 r 的变化曲线如图所示。

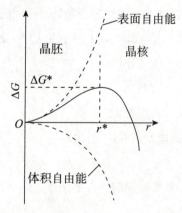

临界晶核处的体系能量处于峰值(>0)。

14. 固溶体析出过程中, 通常先形成过渡相而不直接形成平衡相, 其原因为( )。[东南大学·2015]

    A. 直接形成平衡相需要的形核功比形成过渡相需要的形核功大

B.平衡相的尺寸较大,因此难以形核

C.平衡相的晶体结构比较复杂,因此难以形核

D.平衡相与固溶体成分相差较大,因此难以形核

【答案】A

【解析】考查固溶体的凝固——晶体的形核与长大。一切看能量转化,过渡相所需形核功较小。

15.纯金属在某一温度 $T(T<T_m)$ 平衡凝固时,当临界晶核($r=r*$)形成后,晶核能进一步长大,这是因为(　　)。[国防科技大学·2015]

　　A. $r>r*$,体积自由能的增加大于表面自由能的增加

　　B. $r>r*$,体积自由能的增加小于表面自由能的增加

　　C. $r>r*$,体积自由能的减少(绝对值)大于表面自由能的增加

【答案】C

【解析】考查纯晶体的凝固——晶体的形核与长大。只有当 $r>r*$ 时,随着 r 增加,系统总能量才会降低。

16.(多选)影响表面能的因素有(　　)。[哈尔滨工业大学·2018]

　　A.外部介质的性质　　　　　　　　B.裸露晶面的密度

　　C.材料晶体的结合能　　　　　　　D.表面的曲率

【答案】ABCD

【解析】考查纯晶体的凝固——形核表面能。凡是能影响非均匀形核(影响外界给予能量)的,均可影响表面能。

17.(多选)固态相变形核的阻力是(　　)。[东南大学·2021]

　　A.晶界能　　　　B.两相体积差　　　　C.弹性应变能　　　　D.塑性应变能

【答案】BC

【解析】固态相变形核的阻力有临界晶核表面能、两相体积差和弹性应变能。

18.形核功的概念是(　　)。[东南大学·2008]

　　A.结晶过程中外界必须为系统提供的能量

　　B.结晶过程中系统能量起伏所能达到的最高能量

　　C.结晶过程中晶胚要实现稳定长大所需克服的能量势垒

　　D.系统处于液态和固态时自由焓之差

【答案】C

【解析】考查纯晶体的凝固——晶体的形核与长大。

19.在单相组织中存在着大小不等的晶粒,在长大过程中,(　　)。[上海理工大学·2018]

　　A.晶面将移向小晶粒一方,最后小晶粒将消失

B. 小晶粒移向大晶粒, 直至晶粒尺寸趋于一致

C. 大小晶粒会同时长大

D. 大晶粒会减慢长大, 小晶粒加速长大, 最后晶粒大小相等

【答案】A

【解析】形核后长大是指晶胚长大成晶粒, 且晶粒中晶面不断推移, 使得一些晶粒吞噬旁边的小晶粒, 进一步长大。

20.以下几种晶体生长方式, 速度最快的是(　　　)。

A. 连续长大　　　　　　B. 二维晶核长大　　　　　　C. 螺型位错长大

【答案】A

【解析】连续长大时, 生成速度和过冷度成正比, 速度最大。三种生长方式的对比如图所示。

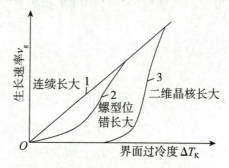

21.某纯金属凝固时的形核功为 ΔG_c, 其临界晶核界面能为 σA_c, 则 ΔG_c 和 σA_c 的关系为(　　　)。

[东南大学·2012]

A. $\sigma A_c = 3\Delta G_c$ 　　　　　　　　　　　　B. $\sigma A_c = \dfrac{3}{\Delta G_c}$

C. $\sigma A_c = \dfrac{2}{3\Delta G_c}$ 　　　　　　　　　　D. $\sigma A_c = \Delta G_c$

【答案】A

【解析】考查纯晶体的凝固——晶体的形核。

计算临界晶核半径 r_c:

①对等式 $\Delta G = \dfrac{4}{3}\pi r^3 \Delta G_V + 4\pi r^2 \sigma$ 两边关于 r 求导, 并令其等于0, 即令 $\dfrac{\mathrm{d}(\Delta G)}{\mathrm{d}r} = 0$, 解得 $r_c = -\dfrac{2\sigma}{\Delta G_V}$。

②将 $\Delta G = -\dfrac{L_m \Delta T}{T_m}$ 代入 $r_c = -\dfrac{2\sigma}{\Delta G_V}$ 中, 得 $r_c = f(\Delta T)$ 的关系, 即 $r_c = \dfrac{2\sigma T_m}{\Delta T L_m}$。临界半径与过冷度 ΔT 相关, ΔT 越大, 则临界半径 r_c 越小, 形核的概率增大, 形核的数量也增多。

③将 $r_c = \dfrac{2\sigma T_m}{\Delta T L_m}$ 代入 $\Delta G = \dfrac{4}{3}\pi r^3 \Delta G_V + 4\pi r^2 \sigma$ 中, 得 $\Delta G_c = \dfrac{16\pi\sigma^3}{3(\Delta G_V)^2} = \dfrac{16\pi\sigma^3 T_m^2}{3(\Delta T L_m)^2}$。

计算临界形核功 ΔG_c :

生成的临界晶核的表面积为

$$A_c = 4\pi r_c^2 = \frac{16\pi\sigma^2}{\Delta G_V^2} = \frac{16\pi\sigma^2 T_m^2}{(\Delta T L_m)^2}$$

这部分增加的表面自由能为

$$A_c \cdot \sigma = \frac{16\pi\sigma^3 T_m^2}{(\Delta T L_m)^2}$$

生成的临界晶核所下降的体积自由能为

$$V \cdot \Delta G_V = -\frac{32\pi\sigma^3 T_m^2}{3(\Delta T L_m)^2}$$

故

$$\Delta G_c = V \cdot \Delta G_V + A_c \cdot \sigma = -\frac{32\pi\sigma^3 T_m^2}{3(\Delta T L_m)^2} + \frac{16\pi\sigma^3 T_m^2}{(\Delta T L_m)^2} = \frac{16\pi\sigma^3 T_m^2}{3(\Delta T L_m)^2}$$

即

$$\Delta G_c = \frac{A_c \cdot \sigma}{3}$$

由以上可得:

① $\Delta G_c = \dfrac{A_c \cdot \sigma}{3}$, 说明过冷液体中形成临界晶核的阻力(表面自由能)由体积自由能($V \cdot \Delta G_V$)的

下降补偿了 $\dfrac{2}{3}$, 而剩余的 $\dfrac{1}{3}$ 阻力则由过冷液体内的能量起伏来补偿。

②当过冷液体内的最大尺寸结构起伏 $r_a \geqslant r_c$, 且能量起伏 $\geqslant \Delta G_c$ 时, 便可形成晶核与液相的界面, 并作为稳定晶核不断成长。

22.(多选)调幅分解是固体分解的一种特殊形式, 其特征可描述为(　　　)。[哈尔滨工业大学·
2012]

A.一种固溶体分解为成分不同而结构相同的两种固溶体

B.无形核与长大过程的转变

C.保持共格关系的转变

D.一种同素异构转变

【答案】ABC

【解析】调幅分解是一种固溶体分解为成分不同而结构相同的两种固溶体的转变, 无形核和长大的过程, 保持共格关系。

23.以下关于调幅分解的表述, 正确的是(　　)。[国防科技大学·2016]

　　A.调幅分解是自发分解过程, 不需要形核功

　　B.调幅分解也是通过晶核的形成和晶核的长大过程完成的

　　C.相图上成分位于固溶体分解线内的合金均可以产生调幅分解

【答案】A

【解析】调幅分解是一种固溶体分解为两种成分不同而结构相同的固溶体的相变, 没有形核和长大的过程, 保持共格关系。

24.设均匀形核时, 其晶核为球形。ΔG^*(临界形核功)与V_c(临界晶核体积)和ΔG_v(液 - 固转变单位体积自由能)的变化关系为$\Delta G^* = ($　　$) V_c \times \Delta G_v$。[哈尔滨工业大学·2022]

　　A. 1/3　　　　　　B.−1/2　　　　　　C.−2/3　　　　　　D. 1/2

【答案】B

【解析】考查纯晶体的凝固——晶体的形核。$\Delta G^* = V_c \times \Delta G_v + S\sigma = 1/3 S\sigma$, 即 $V_c \times \Delta G_v = -2/3 S\sigma$, 故 $\Delta G^* = -1/2 V_c \times \Delta G_v$。

25.形核率随着温度的降低而(　　)。[东南大学·2021]

　　A.不断减小　　　　　　　　　　　　B.不断增大

　　C.先减小后增大　　　　　　　　　　D.先增大后减小

【答案】D

【解析】考查纯晶体的凝固——晶体的形核。影响形核率的因素中, 温度是影响最大的变量。高温的时候由形核功主导, 低温的时候由原子扩散主导。高温时形核功比较大, 所以形核率比较低; 低温时原子扩散速率比较小, 所以形核率也比较低。在中间某一个温度的时候, 主导因素就由形核功控制的形核率因子变为受原子扩散影响的形核率因子了, 然后两个因素综合作用, 最终导致形核率随着温度的降低, 呈现先增大后减小的趋势, 如图所示。

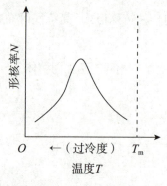

26.(多选)影响非均匀形核率的主要因素有(　　)。[哈尔滨工业大学·2011]

　　A.过冷度　　　　　　　　　　　　　B.晶核与固态杂质结构上的相似度

C.固态杂质表面的凹凸度　　　　　　　　D.振动与搅拌

【答案】ABCD

【解析】考查纯晶体的凝固——晶体的形核。非均匀形核率的影响因素有过冷度、杂质结构、表面曲率和振动与搅拌。

27.与非均匀形核时润湿角的大小有关的因素是(　　)。[中山大学·2022]

A.晶核与形核基底之间的界面能 $\sigma_{\alpha B}$　　　　B.形核的驱动力 ΔG_{v} 图

C.过冷度 ΔT　　　　　　　　　　　　　　　D.系统的熔点 T_{m}

【答案】A

【解析】根据润湿角方程

$$\cos\theta = \frac{\sigma_{LB} - \sigma_{\alpha B}}{\sigma_{\alpha L}}$$

可知,润湿角余弦值和 $\sigma_{\alpha B}$ 有关。

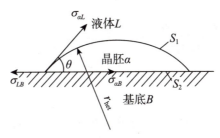

28.(多选)对于平衡分配系数 $k_0<1$ 的固溶体合金而言,(　　),越有利于出现成分过冷。[哈尔滨工业大学·2008]

A.液相中的温度梯度 G 越小　　　　　　B.结晶速度 R 越大

C.溶质浓度 C_0 越大　　　　　　　　　　D.液相线的斜率 m 越小

【答案】ABC

【解析】考查合金的凝固——与凝固时的生长形态有关的成分过冷。

$$\frac{G}{R} < \frac{mC_0}{D} \times \frac{1-k_0}{k_0}$$

29.关于成分过冷,下列说法错误的是(　　)。[东南大学·2014]

A.液–固相线间距越大,成分过冷区越大　　　B.液相线斜率越大,成分过冷区越大

C.扩散系数越大,成分过冷区越大　　　　　　D.凝固速度越高,成分过冷区越大

【答案】C

【解析】考查合金的凝固——与凝固时的生长形态有关的成分过冷。成分过冷越大,越会形成

不同形态的晶体, 由界面前沿的实际温度和液相线温度分布两者共同决定。扩散系数越小, 成分过冷区越大。

30.(多选)以下对成分过冷影响因素的描述中, 正确的有(　　　　)。[哈尔滨工业大学·2018]

A.液相线斜率越大, 成分过冷越大 　　　　B.温度梯度越大, 成分过冷越大

C.结晶速度越快, 成分过冷越大 　　　　D.平衡分配系数 k_0 越远离1, 成分过冷越大

【答案】ACD

【解析】考查合金的凝固——与凝固时的生长形态有关的成分过冷。液相线斜率越大、温度梯度越小、结晶速度越快、平衡分配系数离1越远, 成分过冷越大。

31.(多选)具有粗糙界面的合金在负的温度梯度下的生长机制和晶体形貌是(　　　　)。[哈尔滨工业大学·2018]

A.二维晶核长大机制 　　　　B.螺型位错长大机制

C.垂直长大机制 　　　　D.可能生成树枝晶

【答案】CD

【解析】考查纯晶体凝固时的生长形态。

32.大部分结晶潜热从液相散出, 结晶状态为(　　　　)。[大连理工大学·2011]

A.树枝晶 　　　　B.柱状晶 　　　　C.球状晶

【答案】A

【解析】考查纯晶体凝固时的生长形态。结晶潜热从液相中散出, 说明散热已经失去方向性, 此时液态金属的温度低于熔点, 负温度梯度下呈树枝状生长。

33.生长速度与动态过冷度的平方成正比的长大机制是(　　　　)。[大连理工大学·2011]

A.连续长大 　　　　B.二维晶核长大 　　　　C.螺型位错长大

【答案】C

【解析】考查纯晶体的凝固——晶体长大方式。

光滑界面		粗糙界面
二维晶核长大	螺型位错长大	垂直生长(连续长大)
非常慢	较快	很快

续表

光滑界面		粗糙界面
$v_g = u_2 \exp\left(\dfrac{-b}{\Delta T_K}\right)$	$v_g = u_3 \Delta T_K^2$	$v_g = u_1 \Delta T_K$

34.在正的温度梯度下凝固,不能得到树枝状组织的材料是(　　)。[哈尔滨工业大学·2023]

A.纯Al   B.Al-Mg合金

C.Al-Cu合金   D.Al-Cu-Mg合金

【答案】A

【解析】考查纯晶体凝固时的生长形态。在正的温度梯度下凝固时,想要得到树枝状组织,就需要有成分过冷,而成分过冷只会出现在合金材料的凝固中,Al作为纯金属,没有成分过冷。

35.(多选)熔铸时在铝和铝合金中添加少量钛粉,则(　　)。[哈尔滨大学·2020]

A.促进均匀化形核   B.称为时效处理   C.促进非均匀形核   D.称为变质处理

【答案】CD

【解析】考查纯晶体的凝固——凝固后细晶的获得。铝合金中添加少量钛粉,原理就是变质处理,促进非均匀形核。

36.晶粒尺寸和形核率N、线长大速度v_g之间的关系是(　　)。[国防科技大学·2015]

A.N/v_g越大,晶粒尺寸越大

B.v_g/N越大,晶粒尺寸越大

C.v_g越小,晶粒尺寸越小

【答案】B

【解析】考查纯晶体的凝固——凝固后细晶的获得。控制晶核形成与长大。当晶粒形成多且长大形成的体积有限时,晶粒越多,则每个晶粒越细,因而使形核率高且长大速度小即可。

37.使用下列方法凝固时,不能有效降低晶粒尺寸的是(　　)。[东南大学·2016]

A.加入形核剂   B.减小液相过冷度   C.对液相进行搅拌   D.增大过冷度

【答案】B

【解析】考查纯晶体的凝固——凝固后细晶的获得。能有效降低晶粒尺寸的方法有加入形核剂、搅拌及增大过冷度(主要是获得较大的形核率及较小的长大速度)。

38.(多选)根据结晶时形核和长大规律,为了细化铸锭中或焊缝区的晶粒,可采用的方法有(　　)。[哈尔滨工业大学·2008]

A.提高过冷度,以提高形核率和长大速率的比值

B.变质处理

C.调质处理

D. 对即将凝固的金属进行搅拌和振动

【答案】ABD

【解析】考查纯晶体的凝固——凝固后细晶的获得。可以通过提高过冷度、变质处理和搅拌振动的方法来细化晶粒。

39. 与凝固形核率最大的温度相比, 使晶体长大速率最大的温度为(　　　)。[上海交通大学·2025]

A. 更高的温度　　　　B. 更低的温度　　　　C. 一样的温度　　　　D. 最大相变速率温度

【答案】A

【解析】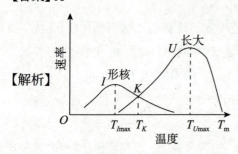

40. 水、冰和水蒸气三相共存时的自由度为(　　　)。[上海交通大学·2025]

A. 3　　　　　　　　B. 2　　　　　　　　C. 1　　　　　　　　D. 0

【答案】D

【解析】自由度 $f=1-3+2=0$。

41. 晶体凝固时, 若以均匀形核方式进行, 则当形成临界晶核时, 自由能(　　　)。[上海交通大学·2024]

A. 升高　　　　　　B. 降低　　　　　　C. 不变　　　　　　D. 不能确定

【答案】A

【解析】形成临界晶核的地方, 体系自由能大于 0, 需要用能量起伏来抵消。

第七章 二元系相图和合金的凝固与制备原理

一、判断题

1. 铁碳相图里只有共析、共晶、包晶三个反应。（　　　）[厦门大学·2022]

2. 二元合金相图中，液相线与固相线间距离越大，则合金的流动性越差。（　　　）[西安交通大学·2006]

3. 合金中相、相的成分和相对量、组织形态、晶粒大小都可以在相图中反映出来。（　　　）[太原理工大学·2021]

4. 在共晶线上利用杠杆定律可以计算出共晶体的相对量，而共晶线属于三相区，所以杠杆定律不仅适用于两相区，还适用于三相区。（　　　）[太原理工大学·2011]

5. 根据热力学，二元系合金在给定温度下，两相自由能-成分曲线具有公切线，两切点成分内合金处于两相平衡，成分在两切点范围内的合金，其平衡相的相对量不变。（　　　）[西安交通大学·2019]

6. 碳钢的平衡结晶过程具有共析转变而没有共晶转变；铸铁只有共晶转变而没有共析转变。（　　　）[四川大学·2011]

7. 在共晶线上利用杠杆定律可以计算出共晶体的相对量，但杠杆定律只适用于两相区。（　　　）[中国矿业大学·2015]

8. 二元共晶合金中，不平衡共晶一般数量较少，常以离异共晶形式存在。（　　　）[西安交通大学·2019]

9. 亚共晶白口铸铁的室温组织由$P+L'_d+Fe_3C_{II}$组成。（　　　）[暨南大学·2023]

10. 离异共晶在平衡凝固时也可以出现。（　　　）[天津大学·2020]

11. 二元系合金包晶转变属于分体式转变。（　　　）[北京理工大学·2020]

12. 伪共晶是由非共晶成分的合金得到的完全共晶组织。（　　　）[四川大学·2015]

13. 伪共晶只能在非平衡结晶时形成，而在平衡结晶和非平衡结晶时都能形成离异共晶。（　　　）[哈尔滨工业大学·2019]

14. 伪共晶是非平衡凝固条件下得到的完全共晶。（　　　）[北京理工大学·2019]

15. 在一定温度下，由一定成分的液相与一定成分的固相相互作用，生成另一个一定成分的新固相的过程称为包晶转变。（　　　）[北京工业大学·2021]

16. 在平衡结晶时，只有含碳量在0.021 8%～0.77%范围的铁碳合金才能发生共析反应。（　　　）[重庆大学·2015]

17. 钢中珠光体是奥氏体和渗碳体的混合物。（　　　）[哈尔滨工业大学·2015]

18. 铁素体和奥氏体的根本区别在于固溶度不同，前者小而后者大。（　　　）[湖南大学·2006]

19. 合金在结晶过程中析出的初生相和二次晶具有相同的晶型, 但具有不同的组织形态。(　　)[重庆大学·2019]

20. 金属由固相熔化为液相时, 相变潜热越大, 熔点越高。(　　)[哈尔滨工业大学·2018]

21. 固溶体中因溶解了杂质元素微结构而呈现出类似于非晶的无序状态。(　　)[暨南大学·2021]

22. 固溶体合金液体在完全不混合条件下凝固后, 产生的宏观偏析较小。(　　)[北京工业大学·2017]

23. 合金熔液在非平衡凝固条件下, 先结晶的树枝晶枝干含低熔点组元较多, 后结晶的树枝晶枝间含高熔点组元较多, 造成晶内偏析。(　　)[四川大学·2014]

24. 在热力学平衡条件下, 二元凝聚系统最多可以三相平衡共存, 它们是一个固相、一个液相和一个气相。(　　)[武汉理工大学·2004]

25. 平衡分配系数是任一温度下溶质在液相与固相中的浓度之比。(　　)[天津大学·2018]

26. 固溶体合金无论在平衡或非平衡结晶过程中, 液-固界面上液相成分均沿着液相平均成分线变化, 固相成分均沿着固相平均成分线变化。(　　)[中南大学·2018]

27. 区域熔炼比整体熔化凝固能获得更高纯度的组元。(　　)[北京理工大学·2019]

28. 非平衡凝固的最终温度比平衡凝固的高。(　　)[中国海洋大学·2022]

29. 枝晶偏析是晶界偏析。(　　)[大连理工大学·2020]

30. 枝晶偏析是非平衡凝固, 热力学不稳定。(　　)[中国海洋大学·2022]

31. 冷却速度越快, 液-固两相区域越小, 枝晶偏析越严重。(　　)[厦门大学·2017]

32. 固溶体合金棒顺序结晶过程中, 液-固界面推进速度越快, 则棒中宏观偏析越严重。(　　)[四川大学·2011]

33. 固溶体晶粒内存在枝晶偏析, 主轴与枝间成分不同, 所以整个晶粒不是一个相。(　　)[太原理工大学·2010]

34. 3T 图中的临界冷却速度快, 意味着容易形成玻璃, 而析晶困难。(　　)[南京工业大学·2009]

35. 对于区域提纯, 当其他因素一定时, k_0 越小, 液-固相线水平距离越大, 提纯效果越好。(　　)[太原理工大学·2008]

36. 与高温下共晶转变产物 L_d 相比, 变态莱氏体 L_d' 的组成相和组织形态特征都发生了变化。(　　)[四川大学·2014]

二、填空题

1. 在二元系合金相图中, 计算两相相对量的杠杆法则只能用于_____。[国防科技大学·2013]

2. 固溶体合金结晶时, 其平衡分配系数 k_0 表示了固、液两平衡相中_____之比。$k_0 < 1$ 时, k_0 越小,

液相线和固相线水平距离_____，非平衡结晶时的成分偏析_____。当产生晶内偏析时，工业上常用_____方法加以消除。[太原理工大学·2021]

3. 在二元系中，两条自由焓－成分线可有_____条公切线；在三元系中，两个自由焓－成分曲面可有_____个公切面。[太原理工大学·2018]

4. 定义 L 表示液相，α 表示成分为 A 的固相，β 表示成分为 B 的固相，γ 表示成分为 C 的固相，请指出下列转变反应的名称。$L\rightarrow\alpha+\beta$：_____，$L+\alpha\rightarrow\beta$：_____，$\alpha+\beta\rightarrow\gamma$：_____。[天津理工大学·2016]

5. 平衡条件下，$L+\alpha+\beta\rightarrow\gamma$ 称为_____转变，该四相平衡区在空间上是一个平面三角形，γ 相成分点位于该平面三角形的_____。[河北工业大学·2011]

6. 二元合金发生包析转变的反应式为_____，生成物为_____，按相律计算，其自由度为_____。[天津理工大学·2011]

7. 工业上把铁－碳二元系中碳的质量分数小于2.11%的合金称为_____；而把大于2.11%的合金称为_____。[武汉大学·2011]

8. 在二元相图中，相邻相区的相数差为_____，这个规则称为_____。当两相区与单相区的分界线与三相等温线相交时，分界线的延长线应进入_____相区，而不会进入_____相区。[哈尔滨工业大学·2016]

9. 过共晶白口铸铁的先共晶相为_____。[哈尔滨工业大学·2016]

10. Fe－Fe$_3$C相图中的3个三相恒温转变反应表达式分别为_____、_____和_____。[哈尔滨工业大学·2016]

11. Fe－Fe$_3$C相图中包括_____个单相区，_____个双相区和_____条三相平衡水平线。其中，
(1) 含碳量在_____范围内的铁碳合金在_____温度发生包晶转变，形成单相_____；
(2) 含碳量在_____范围内的铁碳合金在_____温度发生共晶转变，形成_____和_____两相混合的共晶体，称为_____。[哈尔滨工业大学·2004]

12. 高温莱氏体(L_d)形成时的反应式为_____，其中两个反应物的结构分别为_____。[河北工业大学·2008]

13. 室温下铁碳合金基本相为铁素体和_____，两者的含碳量分别是_____、_____。[东华大学·2023]

14. 碳在钢铁中有多种存在形式：碳原子溶于 α－Fe 形成的固溶体称为_____；溶于 γ－Fe 形成的固溶体称为_____；与铁原子形成的间隙化合物称为_____。[东华大学·2018]

15. 根据含碳量和组织特点，可将铁碳合金分为三大类，分别是_____、_____和_____。[国防科技大学·2014]

16. 铁碳相图中有五个单相区，分别是_____、_____、_____、_____、_____。[天津理工大学·2018]

17. 铸铁和碳钢在组织上的区别在于有无_____。[天津理工大学·2008]

18. 工业中金属和合金凝固后形成的铸锭组织一般由_____、_____、_____三部分晶区组成。[四川大学·2017]

19. 根据相图可以推断合金的性能,如铸造工艺性能方面,相图上的液相线与固相线的成分间隔越大,_____越严重;结晶温度范围越大,铸件凝固终了越易产生_____。[四川大学·2010]

20. 达到相平衡时,系统中组元在各相中的_____相等,各相的特性不随时间而发生改变。[北京工业大学·2025]

三、选择题

1. 关于二元系相图,下列说法错误的是(　　)。[东南大学·2023]

   A. 二元系相图最多只能有三个单相区

   B. 二元系相图中存在三相区

   C. 二元系相图的三相区是等温变化的

   D. 二元系相图最少有两个单相区

2. 关于二元相图,下列说法错误的是(　　)。[东南大学·2022]

   A. 一个两相区周围可以有三个单相区

   B. 一个三相区周围可以有三个两相区

   C. 一个单相区周围可以有三个两相区

   D. 相图中最少有两个单相区

3. 若 A, B 两组元形成共晶相图,则(　　)。[东南大学·2013]

   A. 共晶点的温度通常高于 A 或 B 组元的熔点

   B. 共晶点附近成分的合金通常具有较好的铸造性能

   C. 共晶反应结束后,仍可能有液相剩余

   D. 室温下合金的组织一定是共晶组织

4. 在二元合金平衡相图中,杠杆定律只适用于(　　)。[河北工业大学·2008]

   A. 单相区　　　　　　　B. 两相区　　　　　　　C. 以上均不对

5. 在可逆多晶转变的单组元相图中,其特点是(　　)。[南京工业大学·2018]

   A. 固－液界线斜率为负值　　　　　　　B. 晶型转变温度高于两个晶相的熔点

   C. 固－液界线斜率为正值　　　　　　　D. 晶型转变温度低于两个晶相的熔点

6. 相平衡的条件是(　　)。[东南大学·2021]

   A. 成分相同　　　　　B. 化学势相同　　　　　C. 温度相同　　　　　D. 浓度相同

7. 金属或合金中凡是具有(　　),并与其他部分有界面分隔的,称为相。[上海科技大学·2022]

   A. 相同成分、不同晶体结构　　　　　　　　B. 不同成分、相同晶体结构

C.不同成分、不同晶体结构　　　　　　　D.以上均不对

8.在单相固溶体中,下列说法正确的是(　　)。[东南大学·2022]

A.加快冷却速度会发生成分过冷,从而使得实际凝固温度降低

B.因为加快冷却速度会发生成分过冷,所以会产生成分偏析

C.因为加快冷却速度会发生成分过冷,所以一定是树枝晶

D.以上均不对

9.有效分配系数k_e表示液相的混合程度,其取值范围是(　　)。(其中k_0是平衡分配系数) [河北工业大学·2017]

A.$0<k_e<k_0$　　　　　B.$k_0<k_e<1$　　　　　C.$k_e<k_0<1$　　　　　D.$1<k_0<k_e$

10.对于一个二元系,下列说法正确的是(　　)。[东南大学·2009]

A.匀晶反应只可能在匀晶系中发生

B.匀晶相图不仅在匀晶系中发生,还可能在共晶系中发生,但不可能在包晶系中发生

C.匀晶反应不仅在匀晶系中发生,还可能在包晶系中发生,但不可能在共晶系中发生

D.在从液相结晶出单相固溶体的二元系中都会发生匀晶反应

11.(多选)下列关于伪共晶与离异共晶的说法,错误的是(　　)。[哈尔滨工业大学·2021]

A.伪共晶只能在非平衡冷却速度下得到

B.离异共晶只能在非平衡冷却速度下得到

C.离异共晶只能在低于亚共晶成分和过共晶成分处得到

D.伪共晶只能在偏离共晶成分处得到

12.(多选)共晶成分的合金在快速冷却条件下可能出现(　　)组织。[哈尔滨工业大学·2018]

A.100%的共晶组织　　　　　　　　B.亚共晶组织

C.过共晶组织　　　　　　　　　　D.不确定

13.(多选)关于共晶合金,以下说法正确的是(　　)。[东南大学·2022]

A.两相界面能决定共晶合金的形貌　　　B.冷却速度越大,片间距越小

C.一定是层片状的　　　　　　　　D.一定是棒状的

14.A,B二组元形成共晶系,则(　　)。[东南大学·2006]

A.具有共晶成分的合金铸造工艺性能最好

B.具有亚共晶成分的合金铸造工艺性能最好

C.具有过共晶成分的合金铸造工艺性能最好

D.不发生共晶转变的合金铸造工艺性能最好

15.二元合金的恒温转变平面一定是(　　)。[上海交通大学·2010]

A.两相　　　　　　B.三相　　　　　　C.四相

16.在某二元合金中,共晶合金的强度( )其固溶体合金的强度。[西南交通大学·2014]

    A.等于   B.小于   C.大于   D.无法确定

17.某二元合金系在三相平衡转变后没有液相剩余,则该三相平衡反应( )。[东南大学·2015]

    A.一定是共晶转变   B.可能是包晶转变

    C.可能是共析转变   D.一定是包析转变

18.二元单相固溶体凝固时,偏析往往与相图中液、固两相区的形状和成分点的位置有关,若( )。[东南大学·2017]

    A.液相线和固相线之间的距离越大,越不容易发生偏析

    B.液相线和固相线之间的距离越大,越容易发生偏析

    C.成分点越靠近共晶点,越容易发生偏析

    D.成分点越靠近包晶点,越容易发生偏析

19.在Fe-C合金中,能在室温下得到$P+Fe_3C_{II}+L'_d$平衡组织的合金是( )。[哈尔滨工业大学·2022]

    A.共析钢   B.过共析钢   C.亚共晶白口铸铁   D.过共晶白口铸铁

20.含碳量$w(C)=0.20\%$的碳钢合金平衡结晶至室温,则室温下该合金的组织组成珠光体的相对含量为( )。[哈尔滨工业大学·2020]

    A.23.8%   B.76.2%   C.2.7%   D.97.3%

21.(多选)亚共析钢加热至GS线以上时,铁素体向奥氏体的转变是( )。[哈尔滨工业大学·2019]

    A.重结晶   B.伪共晶   C.离异共晶   D.同素异构转变

22.含碳量为4.3%的钢的室温组织中,二次渗碳体的含量为( )。[哈尔滨工业大学·2018]

    A.64.2%   B.52.2%   C.11.8%   D.40.4%

23.912 ℃时铁的晶格由BCC转变为FCC,体积减小了1.06%,用钢球模型确定其原子半径,则半径( )。[哈尔滨工业大学·2018]

    A.增加   B.减小   C.不变   D.不确定

24.(多选)铁素体转变为奥氏体属于( )。[哈尔滨工业大学·2018]

    A.多晶型转变   B.重结晶   C.再结晶   D.一次结晶

25.奥氏体是( )。[哈尔滨工业大学·2018]

    A.C在γ-Fe中的置换固溶体   B.C在γ-Fe中的间隙固溶体

    C.C在α-Fe中的置换固溶体   D.C在α-Fe中的间隙固溶体

26.铁的熔点是1 538 ℃,则铁的最低再结晶温度约为( )。[哈尔滨工业大学·2018]

    A. 300 ℃   B. 350 ℃   C. 450 ℃   D. 550 ℃

27.铁碳合金平衡组织中, 二次渗碳体最大含量可达(   )。[哈尔滨工业大学·2016]

    A. 2.26%   B. 22.6%   C. 15.2%   D. 77.4%

28. Ti冷却到883 ℃ 时由BCC转变成HCP。单位质量的Ti发生上述转变时, 其体积(   )。[哈尔滨工业大学·2010]

    A.收缩   B.膨胀   C.不变化   D.不确定

29.白口铸铁和碳钢室温平衡组织的最大区别是(   )。[国防科技大学·2015]

    A.白口铸铁中没有珠光体   B.碳钢中没有莱氏体

    C.白口铸铁中有初生渗碳体   D.以上均不对

30.铁碳合金中, 共晶合金的室温组织是(   )。[东南大学·2022]

    A.铁素体   B.珠光体   C.莱氏体   D.变态莱氏体

31.(多选)$w(C)=0.6\%$的钢在平衡结晶到室温时, (   )。[哈尔滨工业大学·2010]

    A.相组成物为铁素体+渗碳体

    B.组织组成物为珠光体+铁素体

    C.铁素体的含量为37%, 珠光体的含量为63%

    D.铁素体相的含量为98%

32.(多选)对于平衡状态下的亚共析钢, 随着含碳量的增加, 其(   )。[哈尔滨工业大学·2007]

    A.硬度、强度均升高   B.硬度下降, 塑性升高

    C.塑性、韧性均下降   D.强度、塑性均不变

33.碳含量为1.0%(质量)的Fe-C合金平衡冷却到室温的组织中, 不可能存在(   )。[东南大学·2016]

    A.共晶渗碳体   B.共析渗碳体   C. Fe_3C_{II} D. Fe_3C_{III}

34. $w(C)=3.0\%$的铁碳合金冷却过程如图所示, 1—2阶段的形貌图应为(   )。[上海科学技术大学·2022]

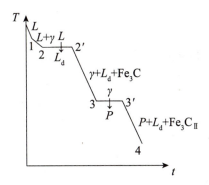

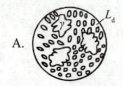  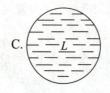

A.　　　　　　　　B.　　　　　　　　C.

35.(多选)合金元素在钢中的分布形态包括(　　　)。[西南交通大学·2014]

A.溶于铁素体、奥氏体、马氏体中,以溶质形式存在

B.形成强化相

C.游离态存在

D.以上都不对

36.Fe-Fe₃C相图中,亚共晶合金的初晶奥氏体实际凝固时,常以(　　　)方式长大。[河北工业大学·2015]

A.平面状　　　　　B.等轴状　　　　　C.规则外形　　　　　D.树枝状

37.由Fe-C相图,纯铁在共析温度(727 ℃以上)时,铁素体渗碳,材料中不会出现(　　　)。[上海交通大学·2019]

A.奥氏体区　　　　B.渗碳体区　　　　C.珠光体区　　　　　D.铁素体区

38.含碳量为0.5%的钢冷却到室温的过程中形成的铁碳合金(　　　)。[华中科技大学·2023]

A.相组成为珠光体和渗碳体

B.组织组成为铁素体和二次渗碳体

C.铁素体含量为36%,珠光体含量为64%

39.对于Fe-C系合金,含碳量为(　　　)时,其铸造组织形成粗大树枝晶的倾向最大。[河北工业大学·2023]

A.0.10%　　　　　B.0.45%　　　　　C.1.2%　　　　　D.4.3%

40.关于Fe-C合金中珠光体的表述,正确的是(　　　)。[上海交通大学·2018]

A.珠光体是铸铁的显微组织

B.珠光体是共晶反应的产物

C.珠光体是铁素体和奥氏体的机械混合物

D.珠光体是铁素体和渗碳体的机械混合物

41.在单相固溶中,形成枝晶的条件是(　　　)。[东南大学·2017]

A.成分过冷越大,越易形成枝晶

B.有成分过冷才能形成枝晶

C.正常凝固条件下才能形成枝晶

D.平衡凝固条件下才能形成枝晶

42.下列最适用于制备单晶薄膜的方法是( )。[中山大学·2019]

    A.区熔法   B.液相外延法   C.提拉法   D.焰熔法

43.当两组元熔点相差悬殊时,靠近共晶成分的合金经快速冷却,未必能获得伪共晶组织,这是因为伪共晶区( )。[哈尔滨工业大学·2011]

    A.偏向低熔点组元一侧   B.偏向高熔点组元一侧

    C.大致对称   D.不能确定

44.关于偏析,下列说法错误的是( )。[东南大学·2023]

    A.宏观偏析可以经过均匀化退火消除

    B.非平衡凝固过程中形成的枝晶偏析属于微观偏析

    C.微观偏析可以经过均匀化退火消除

    D.比重偏析属于宏观偏析

45.运用区域熔炼方法( )。[东南大学·2022]

    A.可以提高金属的纯度   B.可以消除晶体中的微观缺陷

    C.可以消除晶体中的宏观缺陷   D.可以使材料的成分更均匀

46.下列各种偏析中,可以通过热处理方法消除的是( )。[东南大学·2019]

    A.正常偏析   B.比重偏析   C.反偏析   D.枝晶偏析

47.下列偏析不属于微观偏析的是( )。[东南大学·2016]

    A.枝晶偏析   B.比重偏析   C.胞状偏析   D.晶内偏析

48.铸锭凝固时,如大部分结晶潜热可通过液相散失,则固态显微组织主要为( )。[西南交通大学·2014]

    A.树枝晶   B.柱状晶   C.球晶   D.胞状晶

49.在二元合金中,若二组元的含量增大,其凝固温度范围增大。在相同凝固条件下,含量增大有利于形成( )。[上海交通大学·2019]

    A.平直界面   B.胞状组织   C.树枝晶   D.等轴晶

50.固态相变时,相变阻力主要包括( )。[上海交通大学·2018]

    A.体积自由能和弹性应变能   B.界面能和弹性应变能

    C.界面能和缺陷储存能   D.弹性应变能和缺陷储存能

51.根据固态相变转变动力学可知( )。[上海交通大学·2017]

    A.开始时速率最高   B.结束时速率最高

    C.约一半时速率最高   D.与时间有关系

52.固溶体的非平衡凝固会导致凝固终结温度( )平衡凝固时的终结温度。[上海交通大学·2010]

    A.高于   B.等于   C.低于

53. 在薄膜的生长方式中,(　　)模型不涉及晶体外延生长。[上海交通大学·2010]

    A. 层核生长　　　　　　B. 二维生长　　　　　　C. 三维生长

54. 偏晶转变的反应式为(　　)。[上海理工大学·2020]

    A. $L_1+L_2 \rightarrow \alpha$　　　　B. $\alpha \rightarrow L+\beta$　　　　C. $L_1 \rightarrow L_2+\alpha$　　　　D. $L \rightarrow \alpha+\beta$

55. 对于片状共晶,层片间距 λ 是一个重要参数,若凝固时(　　)。[东南大学·2012]

    A. 过冷度越大,凝固速率越高,则 λ 越大,共晶材料的强度越高

    B. 过冷度越大,凝固速率越高,则 λ 越小,共晶材料的强度越高

    C. 过冷度越小,凝固速率越低,则 λ 越大,共晶材料的强度越高

    D. 过冷度越大,凝固速率越高,则 λ 越小,共晶材料的强度越低

56. 原合金成分不是共晶成分,经快速冷却而形成的全部共晶组织称为(　　)。[太原理工大学·2022]

    A. 伪共析　　　　　　　B. 伪共晶　　　　　　　C. 离异共晶

57. 根据 3T 曲线头部顶点的温度和时间计算得到的临界冷却速率可用来比较不同物质形成玻璃的能力,若临界冷却速率大,则(　　)。[南京工业大学·2018]

    A. 易形成过冷液体　　B. 易形成玻璃　　　　C. 容易析晶　　　　　D. 析晶困难

58. 调幅分解的焓变 ΔH(　　)。[上海交通大学·2024]

    A. 大于 0　　　　　　　B. 小于 0　　　　　　　C. 等于 0　　　　　　　D. 不能确定

59. 碳含量为 3% 的 Fe-C 合金冷却过程中,不会出现(　　)。[上海交通大学·2024]

    A. 一次渗碳体　　　　B. 二次渗碳体　　　　C. 三次渗碳体　　　　D. 共析渗碳体

答案与解析

一、判断题

1.铁碳相图里只有共析、共晶、包晶三个反应。（　　）[厦门大学·2022]

【答案】×

【解析】考查铁碳相图中存在的反应。除题干中的三个反应外，还有Fe的同素异构转变、磁性转变和脱溶转变等反应。

2.二元合金相图中，液相线与固相线间距离越大，则合金的流动性越差。（　　）[西安交通大学·2006]

【答案】√

【解析】考查液相线与固相线间距对合金流动性的影响。液相线和固相线间隔越大，流动性越差。

3.合金中相、相的成分和相对量、组织形态、晶粒大小都可以在相图中反映出来。（　　）[太原理工大学·2021]

【答案】×

【解析】考查相图的作用。组织形态、晶粒大小不可以在相图中反映。

4.在共晶线上利用杠杆定律可以计算出共晶体的相对量，而共晶线属于三相区，所以杠杆定律不仅适用于两相区，还适用于三相区。（　　）[太原理工大学·2011]

【答案】×

【解析】考查杠杆定律的适用范围。在二元系统中用杠杆定律确定相的相对含量只适用于两相区。因为对于单相区来说没有意义，而对于三相区，$f=0$是一个恒温过程，在相图上只表现为一条水平线，此时三个相的成分虽然固定不变，但是却能以任何比例来平衡，故三个相的数量无法确定。

5.根据热力学，二元系合金在给定温度下，两相自由能－成分曲线具有公切线，两切点成分内合金处于两相平衡，成分在两切点范围内的合金，其平衡相的相对量不变。（　　）[西安交通大学·2019]

【答案】×

【解析】考查平衡相的相对含量的判断。合金液相成分不同，杠杆支点不同，从而相的相对含量不同。

6.碳钢的平衡结晶过程具有共析转变而没有共晶转变；铸铁只有共晶转变而没有共析转变。（　　）[四川大学·2011]

【答案】×

【解析】考查发生共析转变和共晶转变的铁碳合金。所有碳含量 >0.021 8%的铁碳合金平衡凝固时, 均会发生共析转变。

7.在共晶线上利用杠杆定律可以计算出共晶体的相对量, 但杠杆定律只适用于两相区。(   )[中国矿业大学·2015]

【答案】√

【解析】考查杠杆定律的适用范围。在共晶线上利用杠杆定律可以计算出共晶体的相对量, 而共晶线为三相区, 但杠杆定律只适用于两相区, 所以共晶体的相对量实际上是在两相区中算出来的。

8.二元共晶合金中, 不平衡共晶一般数量较少, 常以离异共晶形式存在。(   )[西安交通大学·2019]

【答案】√

【解析】考查离异共晶的形式。离异共晶由于非平衡共晶体数量较少, 通常共晶体中的 α 相依附于初生 α 相生长, 将共晶体中另一相 β 推到最后凝固的晶界处, 从而使共晶体两组成相相间的组织特征消失。

9.亚共晶白口铸铁的室温组织由 $P+L'_d+Fe_3C_{II}$ 组成。(   )[暨南大学·2023]

【答案】√

【解析】考查铁碳合金室温的组织组成。

类别	碳含量范围	室温组织组成物
工业纯铁	$w(C)<0.021\ 8\%$	$\alpha+Fe_3C_{III}$
亚共析钢	$0.021\ 8\%<w(C)<0.77\%$	$\alpha+P$
共析钢	$w(C)=0.77\%$	P
过共析钢	$0.77\%<w(C)<2.11\%$	$P+Fe_3C_{II}$
亚共晶白口铸铁	$2.11\%<w(C)<4.30\%$	$P+Fe_3C_{II}+L'_d$
共晶白口铸铁	$w(C)=4.30\%$	L'_d
过共晶白口铸铁	$4.30\%<w(C)<6.69\%$	$L'_d+Fe_3C_I$

10.离异共晶在平衡凝固时也可以出现。(   )[天津大学·2020]

【答案】√

【解析】考查离异共晶与平衡或非平衡凝固之间的关系。离异共晶与平衡或非平衡凝固无关。在先共晶相数量较多而共晶相数量很少的情况下, 有时共晶组织中与先共晶相相同的相, 会依附于先共晶相生长, 剩下的一相则单独存在于晶界处, 从而使共晶组织的特征消失。这种两相分离的共晶称为离异共晶。

11.二元系合金包晶转变属于分体式转变。(   )[北京理工大学·2020]

【答案】×

【解析】考查分体式转变的定义。共晶转变属于分体式转变, 而包晶转变不属于。

12. 伪共晶是由非共晶成分的合金得到的完全共晶组织。( ) [四川大学·2015]

【答案】√

【解析】考查伪共晶的定义。在非平衡凝固条件下,某些亚共晶或者过共晶成分的合金也能得到全部的共晶组织。这种由非共晶成分的合金得到的共晶组织称为伪共晶。

13. 伪共晶只能在非平衡结晶时形成,而在平衡结晶和非平衡结晶时都能形成离异共晶。( ) [哈尔滨工业大学·2019]

【答案】√

【解析】考查伪共晶和离异共晶的定义。伪共晶在非平衡条件下形成,在平衡和非平衡条件下都能形成离异共晶。

14. 伪共晶是非平衡凝固条件下得到的完全共晶。( ) [北京理工大学·2019]

【答案】√

【解析】考查伪共晶的定义。

15. 在一定温度下,由一定成分的液相与一定成分的固相相互作用,生成另一个一定成分的新固相的过程称为包晶转变。( ) [北京工业大学·2021]

【答案】√

【解析】考查包晶转变的定义。

16. 在平衡结晶时,只有含碳量在0.021 8%~0.77%范围的铁碳合金才能发生共析反应。( ) [重庆大学·2015]

【答案】×

【解析】考查铁碳合金结晶时的共晶反应。含碳量在0.021 8%~6.69%内的铁碳合金都可以发生共析反应。

17. 钢中珠光体是奥氏体和渗碳体的混合物。( ) [哈尔滨工业大学·2015]

【答案】×

【解析】考查珠光体的组成。钢中珠光体是铁素体和渗碳体的混合物。

18. 铁素体和奥氏体的根本区别在于固溶度不同,前者小而后者大。( ) [湖南大学·2006]

【答案】×

【解析】考查奥氏体和铁素体的本质区别。本质区别在于晶体结构不同,奥氏体是面心立方,铁素体是体心立方,此外,物理化学性能也不一样。

19. 合金在结晶过程中析出的初生相和二次晶具有相同的晶型,但具有不同的组织形态。( ) [重庆大学·2019]

【答案】√

【解析】举例:五种渗碳体的晶体结构相同,成分相同,但是组织形态不同。

20. 金属由固相熔化为液相时,相变潜热越大,熔点越高。( ) [哈尔滨工业大学·2018]

【答案】√

【解析】考查相变潜热与熔点之间的关系。金属的熔点高低和熔化时潜热的大小都能反映金属内部原子间作用力的大小和激活能的高低。金属的熔点越高, 熔化时潜热越大, 原子排列越紧密, 扩散激活能越大, 需要的相变潜热越大。

21. 固溶体中因溶解了杂质元素微结构而呈现出类似于非晶的无序状态。(   ) [暨南大学·2021]

【答案】√

【解析】考查杂质对固溶体的影响。完全无序的固溶体是不存在的。固溶体确实会因为第二组元的加入而产生部分无序现象。比如绿宝石作为离子载体填入 Cs^+, K^+ 等离子时, 这些离子呈无序分布。

22. 固溶体合金液体在完全不混合条件下凝固后, 产生的宏观偏析较小。(   ) [北京工业大学·2017]

【答案】√

【解析】考查宏观偏析的形成。完全不混合时, 产生较小的宏观偏析, 如图所示。

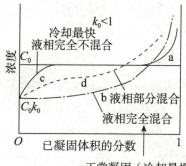

23. 合金熔液在非平衡凝固条件下, 先结晶的树枝晶枝干含低熔点组元较多, 后结晶的树枝晶枝间含高熔点组元较多, 造成晶内偏析。(   ) [四川大学·2014]

【答案】×

【解析】考查非平衡条件下晶内偏析的问题。先结晶的树枝晶枝干含高熔点组元(如 Ni) 多, 后结晶的树枝晶枝间含低熔点组元(如 Cu) 多。

24. 在热力学平衡条件下, 二元凝聚系统最多可以三相平衡共存, 它们是一个固相、一个液相和一个气相。(   ) [武汉理工大学·2004]

【答案】×

【解析】考查热力学平衡条件下的三相平衡共存状态。反例: 共析反应是三个固相共存。

25. 平衡分配系数是任一温度下溶质在液相与固相中的浓度之比。(   ) [天津大学·2018]

【答案】×

【解析】考查平衡分配系数的意义。固溶体合金在结晶过程中具有分凝结晶的特点。因此, 在一定温度下平衡时, 固相成分与液相成分之比称为平衡分配系数。该参数反映了溶质在固液两相中的分配系数及溶质对合金熔点的影响程度。

26. 固溶体合金无论在平衡或非平衡结晶过程中，液－固界面上液相成分均沿着液相平均成分线变化，固相成分均沿着固相平均成分线变化。（　　　）[中南大学·2018]

【答案】×

【解析】考查平衡或非平衡结晶过程中液－固相线的变化。只适用于平衡结晶过程，若在不平衡结晶过程中，液－固相线会发生变化。

27. 区域熔炼比整体熔化凝固能获得更高纯度的组元。（　　　）[北京理工大学·2019]

【答案】√

【解析】考查区域熔炼的优势。区域熔炼提纯可以得到更高纯度的组元。

28. 非平衡凝固的最终温度比平衡凝固的高。（　　　）[中国海洋大学·2022]

【答案】×

【解析】考查非平衡凝固温度与平衡凝固温度。非平衡凝固一般是快冷条件，每一温度下不能保证充分的扩散时间，最终凝固温度会低于平衡凝固。

29. 枝晶偏析是晶界偏析。（　　　）[大连理工大学·2020]

【答案】×

【解析】考查枝晶偏析和晶界偏析的定义。枝晶偏析是指固溶体经常以树枝状方式结晶，枝干和分枝之间的成分不一致，枝干中高熔点组元含量多，分枝中低熔点组元含量多，枝干和分枝是在一个晶粒内的，也称晶内偏析。晶界偏析是溶质原子富集在最后凝固的晶界处造成的。

30. 枝晶偏析是非平衡凝固，热力学不稳定。（　　　）[中国海洋大学·2022]

【答案】√

【解析】考查枝晶偏析。固溶体通常以树枝状生长方式结晶，非平衡凝固导致先结晶的枝干和后结晶的枝间的成分不同，故称为枝晶偏析，其在热力学上是不稳定的。

31. 冷却速度越快，液－固两相区域越小，枝晶偏析越严重。（　　　）[厦门大学·2017]

【答案】×

【解析】考查枝晶偏析的形成。冷却速度越快，液－固两相区域越大，枝晶偏析越严重。

32. 固溶体合金棒顺序结晶过程中，液－固界面推进速度越快，则棒中宏观偏析越严重。（　　　）[四川大学·2011]

【答案】×

【解析】考查影响宏观偏析形成的因素。凝固速度极快时，$k_e=1$，液体完全不混合，宏观偏析很小，甚至没有。

33. 固溶体晶粒内存在枝晶偏析，主轴与枝间成分不同，所以整个晶粒不是一个相。（　　　）[太原理工大学·2010]

【答案】×

【解析】考查枝晶偏析。即使晶粒内存在枝晶偏析, 也是一个相。

34.3T 图中的临界冷却速度快, 意味着容易形成玻璃, 而析晶困难。（　　　）[南京工业大学·2009]

【答案】×

【解析】考查 3T 图中临界冷却速度的含义。临界冷却速度快, 意味着容易析晶, 形成玻璃困难。

35.对于区域提纯, 当其他因素一定时, k_0 越小, 液－固相线水平距离越大, 提纯效果越好。（　　　）[太原理工大学·2008]

【答案】√

【解析】考查区域提纯。区域熔炼方程表示经一次区域熔炼后随凝固距离变化的固溶体的质量浓度。当 $k_0 < 1$ 时, 凝固前端部分的溶质质量浓度不断降低, 后端部分不断富集。

36.与高温下共晶转变产物 L_d 相比, 变态莱氏体 L'_d 的组成相和组织形态特征都发生了变化。（　　　）[四川大学·2014]

【答案】×

【解析】考查低温莱氏体与高温莱氏体的异同点。变态莱氏体保持原莱氏体的形态, 只是共晶奥氏体已经转变为珠光体。

二、填空题

1.在二元系合金相图中, 计算两相相对量的杠杆法则只能用于_____。[国防科技大学·2013]

【答案】两相区。

【解析】考查热力学基本要点——相与相平衡。杠杆定律只有两个变量, 当二元相图中恒温连接线和液－固相线有两个交点时, 连接线上任一点所代表的状态都会发生两相平衡, 此时体系成分固定, 根据能量守恒就可以求出两端的含量。

2.固溶体合金结晶时, 其平衡分配系数 k_0 表示了固、液两平衡相中_____之比。$k_0 < 1$ 时, k_0 越小, 液相线和固相线水平距离_____, 非平衡结晶时的成分偏析_____。当产生晶内偏析时, 工业上常用_____方法加以消除。[太原理工大学·2021]

【答案】溶质浓度; 越大; 越严重; 均匀化退火。

【解析】考查热力学基本要点——相与相平衡。

3.在二元系中, 两条自由焓－成分线可有_____条公切线; 在三元系中, 两个自由焓－成分曲面可有_____个公切面。[太原理工大学·2018]

【答案】1; 无数。

【解析】考查热力学基本要点——多相平衡的公切线原理。

4.定义 L 表示液相, α 表示成分为 A 的固相, β 表示成分为 B 的固相, γ 表示成分为 C 的固相, 请指出下列转变反应的名称。$L \rightarrow \alpha + \beta$: _____, $L + \alpha \rightarrow \beta$: _____, $\alpha + \beta \rightarrow \gamma$: _____。[天津理工大学·

2016]

【答案】共晶转变; 包晶转变; 包析转变。

【解析】考查共晶转变、包晶转变和包析转变的反应式写法。

5. 平衡条件下, $L+\alpha+\beta \rightarrow \gamma$ 称为_____转变, 该四相平衡区在空间上是一个平面三角形, γ 相成分点位于该平面三角形的_____。[河北工业大学·2011]

【答案】包晶; 内部。

【解析】考查包晶转变的反应式写法与 γ 相成分点位置。四相平衡区在空间上为一个平面三角形。

6. 二元合金发生包析转变的反应式为_____, 生成物为_____, 按相律计算, 其自由度为_____。
[天津理工大学·2011]

【答案】$\alpha+\beta \rightarrow \gamma$; 新固相; 0。

【解析】考查二元相图分析——其他类型的二元相图。包析转变: 一个固相与另一个固相反应形成第三个固相的恒温转变。此为平衡转变, 故自由度为0。

7. 工业上把铁－碳二元系中碳的质量分数小于2.11%的合金称为_____; 而把大于2.11%的合金称为_____。[武汉大学·2011]

【答案】钢; 铸铁。

【解析】考查二元相图分析——铁碳相图。根据碳含量, 可将铁碳合金分为工业纯铁、钢和铸铁。

8. 在二元相图中, 相邻相区的相数差为_____ , 这个规则称为_____。当两相区与单相区的分界线与三相等温线相交时, 分界线的延长线应进入_____相区, 而不会进入_____相区。[哈尔滨工业大学·2016]

【答案】1; 相区接触法则; 两; 单。

【解析】考查二元相图分析。二元相图最多有三相且为一条直线, 故相邻相区仅差一个相数。

9. 过共晶白口铸铁的先共晶相为_____。[哈尔滨工业大学·2016]

【答案】一次渗碳体。

【解析】考查二元相图分析——铁碳相图。

10. Fe-Fe₃C相图中的3个三相恒温转变反应表达式分别为_____、_____和_____。[哈尔滨工业大学·2016]

【答案】$L_B + \delta_H \xrightarrow{1495\,\text{℃}} \gamma_J$、$L_C \xrightarrow{1148\,\text{℃}} \gamma_E + Fe_3C$、$\gamma_S \xrightarrow{727\,\text{℃}} \alpha_P + Fe_3C$。

【解析】考查二元相图分析——铁碳相图。三个恒温转变分别是包晶转变: $L_B + \delta_H \xrightarrow{1495\,\text{℃}} \gamma_J$, 共晶转变: $L_C \xrightarrow{1148\,\text{℃}} \gamma_E + Fe_3C$ 和共析转变: $\gamma_S \xrightarrow{727\,\text{℃}} \alpha_P + Fe_3C$。

11. Fe-Fe₃C相图中包括_____个单相区, _____个双相区和_____条三相平衡水平线。其中,
(1) 含碳量在_____范围内的铁碳合金在_____温度发生包晶转变, 形成单相_____;

(2) 含碳量在_____范围内的铁碳合金在_____温度发生共晶转变, 形成_____和_____两相混合的共晶体, 称为_____。[哈尔滨工业大学·2004]

【答案】5; 7; 3; 0.09% ~ 0.53%; 1 495 ℃; 奥氏体; 2.11% ~ 6.69%; 1 148 ℃; 奥氏体、渗碳体; 莱氏体。

【解析】考查二元相图分析——铁碳相图。铁碳相图有 5 个单相区、7 个双相区及 3 个三相平衡水平线。含碳量有几个重要点: 0.77%、2.11%、4.3% 及 6.69%, 如图所示。

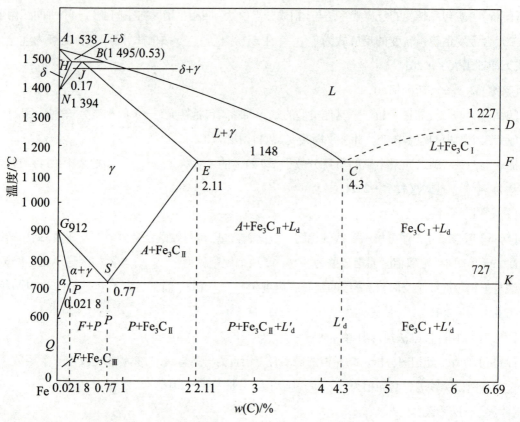

12. 高温莱氏体(L_d)形成时的反应式为_____, 其中两个反应物的结构分别为_____。[河北工业大学·2008]

【答案】$L \rightarrow \gamma + Fe_3C$; 面心立方和复杂正交点阵。

【解析】考查二元相图分析——铁碳相图。

13. 室温下铁碳合金基本相为铁素体和_____, 两者的含碳量分别是_____、_____。[东华大学·2023]

【答案】渗碳体; 0.000 8%; 6.69%。

【解析】考查二元相图分析——铁碳相图。见题 11 解析图。

14. 碳在钢铁中有多种存在形式: 碳原子溶于 α-Fe 形成的固溶体称为_____; 溶于 γ-Fe 形成的固溶体称为_____; 与铁原子形成的间隙化合物称为_____。[东华大学·2018]

【答案】铁素体；奥氏体；渗碳体。

【解析】考查铁素体、奥氏体及渗碳体的概念。

15.根据含碳量和组织特点，可将铁碳合金分为三大类，分别是_____、_____和_____。[国防科技大学·2014]

【答案】工业纯铁、碳钢、铸铁。

【解析】考查铁碳合金的分类。

(1)根据碳含量分类。

①工业纯铁：$w(C) < 0.0218\%$。

②碳钢：$0.0218\% < w(C) < 2.11\%$。

③铸铁：$2.11\% < w(C) < 6.69\%$。

(2)根据有无共晶转变分类：碳钢和铸铁。

(3)根据铁碳合金平衡凝固后的组织特征分类。

①工业纯铁：$w(C) < 0.0218\%$。

②亚共析钢：$0.0218\% < w(C) < 0.77\%$。

③共析钢：$w(C) = 0.77\%$。

④过共析钢：$0.77\% < w(C) < 2.11\%$。

⑤亚共晶白口铸铁：$2.11\% < w(C) < 4.30\%$。

⑥共晶白口铸铁：$w(C) = 4.30\%$。

⑦过共晶白口铸铁：$4.30\% < w(C) < 6.69\%$。

⑧当 $w(C) > 6.69\%$ 时，合金太脆，无实用价值，不研究。

16.铁碳相图中有五个单相区，分别是_____、_____、_____、_____、_____。[天津理工大学·2018]

【答案】γ、δ铁素体、α铁素体、L、Fe_3C。

【解析】考查二元相图分析——铁碳相图。

17.铸铁和碳钢在组织上的区别在于有无_____。[天津理工大学·2008]

【答案】莱氏体。

【解析】考查二元相图分析——铁碳相图。

18.工业中金属和合金凝固后形成的铸锭组织一般由_____、_____、_____三部分晶区组成。[四川大学·2017]

【答案】表层细晶区、柱状晶区、中心等轴晶区。

【解析】考查二元凝固理论——合金铸锭的组织与缺陷。

19.根据相图可以推断合金的性能,如铸造工艺性能方面,相图上的液相线与固相线的成分间隔越大,_____越严重;结晶温度范围越大,铸件凝固终了越易产生_____。[四川大学・2010]

【答案】成分偏析;分散缩孔。

【解析】考查二元凝固理论——合金铸锭的组织与缺陷。相图上的液相线与固相线的成分间隔越大,成分偏析越严重。因为凝固时固体体积小于液体体积,最终凝固的没有液体补充,容易产生分散缩孔。

20.达到相平衡时,系统中组元在各相中的_____相等,各相的特性不随时间而发生改变。[北京工业大学・2025]

【答案】化学势。

【解析】化学势相等是相平衡的基本条件。

三、选择题

1.关于二元系相图,下列说法错误的是(   )。[东南大学・2023]

  A.二元系相图最多只能有三个单相区

  B.二元系相图中存在三相区

  C.二元系相图的三相区是等温变化的

  D.二元系相图最少有两个单相区

【答案】A

【解析】反例:$Fe-Fe_3C$ 相图可以有五个单相区。

2.关于二元相图,下列说法错误的是(   )。[东南大学・2022]

  A.一个两相区周围可以有三个单相区

  B.一个三相区周围可以有三个两相区

  C.一个单相区周围可以有三个两相区

  D.相图中最少有两个单相区

【答案】A

【解析】考查二元相图的特征。一个两相区周围最多有两个单相区。

3.若 A,B 两组元形成共晶相图,则(   )。[东南大学・2013]

  A.共晶点的温度通常高于 A 或 B 组元的熔点

  B.共晶点附近成分的合金通常具有较好的铸造性能

  C.共晶反应结束后,仍可能有液相剩余

  D.室温下合金的组织一定是共晶组织

【答案】B

【解析】考查共晶合金。共晶点附近成分的合金具有较好的铸造性能。

4.在二元合金平衡相图中,杠杆定律只适用于(　　)。[河北工业大学·2008]

　　A.单相区　　　　　　B.两相区　　　　　　C.以上均不对

【答案】B

【解析】考查杠杆定律的应用。杠杆定律只适用于两相区。

5.在可逆多晶转变的单组元相图中,其特点是(　　)。[南京工业大学·2018]

　　A.固－液界线斜率为负值　　　　　　B.晶型转变温度高于两个晶相的熔点

　　C.固－液界线斜率为正值　　　　　　D.晶型转变温度低于两个晶相的熔点

【答案】D

【解析】考查具有可逆多晶转变物质的单组元相图的特点。晶型转变温度低于两个晶相的熔点。

6.相平衡的条件是(　　)。[东南大学·2021]

　　A.成分相同　　　　　B.化学势相同　　　　　C.温度相同　　　　　D.浓度相同

【答案】B

【解析】考查热力学基本要点。相平衡要满足化学势相同。

7.金属或合金中凡是具有(　　),并与其他部分有界面分隔的,称为相。[上海科技大学·2022]

　　A.相同成分、不同晶体结构　　　　　　B.不同成分、相同晶体结构

　　C.不同成分、不同晶体结构　　　　　　D.以上均不对

【答案】A

【解析】考查相的定义。金属或合金中具有相同成分、相同晶体结构,并与其他部分有界面分隔的,称为相。

8.在单相固溶体中,下列说法正确的是(　　)。[东南大学·2022]

　　A.加快冷却速度会发生成分过冷,从而使得实际凝固温度降低

　　B.因为加快冷却速度会发生成分过冷,所以会产生成分偏析

　　C.因为加快冷却速度会发生成分过冷,所以一定是树枝晶

　　D.以上均不对

【答案】B

【解析】考查单相固溶体的成分过冷。成分过冷是由成分偏析也就是液相不完全混合造成的。

9.有效分配系数 k_e 表示液相的混合程度,其取值范围是(　　)。(其中 k_0 是平衡分配系数)[河北工业大学·2017]

　　A. $0 < k_e < k_0$　　　　B. $k_0 < k_e < 1$　　　　C. $k_e < k_0 < 1$　　　　D. $1 < k_0 < k_e$

【答案】B

【解析】考查有效分配系数 k_e 的范围。

10.对于一个二元系,下列说法正确的是(　　)。[东南大学·2009]

A.匀晶反应只可能在匀晶系中发生

B.匀晶相图不仅在匀晶系中发生, 还可能在共晶系中发生, 但不可能在包晶系中发生

C.匀晶反应不仅在匀晶系中发生, 还可能在包晶系中发生, 但不可能在共晶系中发生

D.在从液相结晶出单相固溶体的二元系中都会发生匀晶反应

【答案】D

【解析】考查二元相图中的反应。从液相结晶出单相固溶体的二元系中都会发生匀晶反应。

11.(多选)下列关于伪共晶与离异共晶的说法, 错误的是( )。[哈尔滨工业大学·2021]

A.伪共晶只能在非平衡冷却速度下得到

B.离异共晶只能在非平衡冷却速度下得到

C.离异共晶只能在低于亚共晶成分和过共晶成分处得到

D.伪共晶只能在偏离共晶成分处得到

【答案】BC

【解析】考查伪共晶和离异共晶。某些亚共晶和过共晶均可得到离异共晶。

12.(多选)共晶成分的合金在快速冷却条件下可能出现( )组织。[哈尔滨工业大学·2018]

A. 100%的共晶组织　　　　　　　　B.亚共晶组织

C.过共晶组织　　　　　　　　D.不确定

【答案】ABC

【解析】考查平衡条件下形成的组织。快速冷却为非平衡条件, 可能出现共晶组织、亚共晶组织和过共晶组织。

13.(多选)关于共晶合金, 以下说法正确的是( )。[东南大学·2022]

A.两相界面能决定共晶合金的形貌　　　　B.冷却速度越大, 片间距越小

C.一定是层片状的　　　　　　　　D.一定是棒状的

【答案】AB

【解析】考查共晶合金的形貌。界面能和体积分数决定形貌。

14.A, B 二组元形成共晶系, 则( )。[东南大学·2006]

A.具有共晶成分的合金铸造工艺性能最好

B.具有亚共晶成分的合金铸造工艺性能最好

C.具有过共晶成分的合金铸造工艺性能最好

D.不发生共晶转变的合金铸造工艺性能最好

【答案】A

【解析】考查共晶合金的性能。共晶合金流动性最好, 铸造性能最好。

15.二元合金的恒温转变平面一定是( )。[上海交通大学·2010]

A.两相　　　　　　　B.三相　　　　　　　C.四相

【答案】B

【解析】考查二元合金的恒温转变平面。二元合金的恒温转变平面处于三相状态, 为三相区。

16.在某二元合金中, 其共晶合金的强度(　　　)其固溶体合金的强度。[西南交通大学·2014]

　　A.等于　　　　　　　　B.小于　　　　　　　　C.大于　　　　　　　　D.无法确定

【答案】C

【解析】考查共晶合金的性能。固溶体合金韧性、塑性较好, 共晶合金硬度、强度高, 塑性大。

17.某二元合金系在三相平衡转变后没有液相剩余, 则该三相平衡反应(　　　)。[东南大学·2015]

　　A.一定是共晶转变　　　　　　　　　　　　B.可能是包晶转变

　　C.可能是共析转变　　　　　　　　　　　　D.一定是包晶转变

【答案】B

【解析】考查包晶反应的过程。包晶反应是一定化学成分的固相与一定化学成分的液相相互作用形成新的固相, 反应后将没有液相存在。

18.二元单相固溶体凝固时, 偏析往往与相图中液、固两相区的形状和成分点的位置有关, 若(　　　)。[东南大学·2017]

　　A.液相线和固相线之间的距离越大, 越不容易发生偏析

　　B.液相线和固相线之间的距离越大, 越容易发生偏析

　　C.成分点越靠近共晶点, 越容易发生偏析

　　D.成分点越靠近包晶点, 越容易发生偏析

【答案】B

【解析】考查偏析发生的条件。液相线和固相线之间的距离越大, 越容易发生偏析。

19.在Fe-C合金中, 能在室温下得到$P+Fe_3C_{II}+L'_d$平衡组织的合金是(　　　)。[哈尔滨工业大学·2022]

　　A.共析钢　　　　　　B.过共析钢　　　　　　C.亚共晶白口铸铁　　　　D.过共晶白口铸铁

【答案】C

【解析】考查铁碳合金的组织组成。

20.含碳量$w(C)=0.20\%$的碳钢合金平衡结晶至室温, 则室温下该合金的组织组成珠光体的相对含量为(　　　)。[哈尔滨工业大学·2020]

　　A.23.8%　　　　　　B.76.2%　　　　　　C.2.7%　　　　　　D.97.3%

【答案】A

【解析】考查铁碳合金组织组成的计算。该碳钢合金为亚共析钢, 且

$$w_p = \frac{0.2-0.0218}{0.77-0.0218} \times 100\% = 23.8\%$$

21. (多选)亚共析钢加热至 GS 线以上时,铁素体向奥氏体的转变是(　　　)。[哈尔滨工业大学·2019]

　　A.重结晶　　　　　　B.伪共晶　　　　　　C.离异共晶　　　　D.同素异构转变

【答案】AD

【解析】考查铁碳相图中的相变。固态相图发生了固态相变,铁素体转变为奥氏体,为同素异构转变和重结晶的过程。

22.含碳量为 4.3% 的钢的室温组织中,二次渗碳体的含量为(　　　)。[哈尔滨工业大学·2018]

　　A.64.2%　　　　　　B.52.2%　　　　　　C.11.8%　　　　　D.40.4%

【答案】C

【解析】考查铁碳合金组织组成的计算。二次渗碳体含量为 $\dfrac{6.69-4.3}{6.69-2.11}\times\dfrac{2.11-0.77}{6.69-0.77}\times100\%=$

11.8%。

23. 912 ℃时铁的晶格由 BCC 转变为 FCC,体积减小了 1.06%,用钢球模型确定其原子半径,则半径

(　　　)。[哈尔滨工业大学·2018]

　　A.增加　　　　　　B.减小　　　　　　C.不变　　　　　　D.不确定

【答案】A

【解析】考查面心立方转体心立方后,原子半径的变化。如果原子半径没变,那么体积变化应为

$$\Delta V = \frac{\dfrac{1}{0.74}-\dfrac{1}{0.68}}{\dfrac{1}{0.68}}\times100\% = -8.1\%$$

体积应该减小 8.1%,但是题目中体积只减小了 1.06%,所以推测原子半径变大了。

24. (多选)铁素体转变为奥氏体属于(　　　)。[哈尔滨工业大学·2018]

　　A.多晶型转变　　　B.重结晶　　　　　　C.再结晶　　　　　D.一次结晶

【答案】AB

【解析】考查铁碳相图中的相变——多晶型转变、重结晶。

25.奥氏体是(　　　)。[哈尔滨工业大学·2018]

　　A.C 在 $\gamma-Fe$ 中的置换固溶体　　　　　　B.C 在 $\gamma-Fe$ 中的间隙固溶体

　　C.C 在 $\alpha-Fe$ 中的置换固溶体　　　　　　D.C 在 $\alpha-Fe$ 中的间隙固溶体

【答案】B

【解析】考查奥氏体的概念。奥氏体是 C 在 $\gamma-Fe$ 中的间隙固溶体。

26.铁的熔点是 1 538 ℃,则铁的最低再结晶温度约为(　　　)。[哈尔滨工业大学·2018]

　　A.300 ℃　　　　　　B.350 ℃　　　　　　C.450 ℃　　　　　D.550 ℃

【答案】B

【解析】考查铁再结晶温度的计算。再结晶温度：$(1\,538+273)\times0.35-273=360.85(℃)$，约为 $350\,℃$。有些教材给的是 $0.35T_m$，有些教材给的是 $0.4T_m$。

27. 铁碳合金平衡组织中，二次渗碳体最大含量可达(　　)。[哈尔滨工业大学·2016]

　　A. 2.26%　　　　　B. 22.6%　　　　　C. 15.2%　　　　　D. 77.4%

【答案】B

【解析】考查铁碳合金组织组成的计算。二次渗碳体由初相奥氏体析出，最大含量为

$$\frac{2.11-0.77}{6.69-0.77}\times100\%=22.6\%$$

28. Ti 冷却到 $883\,℃$ 时由 BCC 转变成 HCP。单位质量的 Ti 发生上述转变时，其体积(　　)。[哈尔滨工业大学·2010]

　　A. 收缩　　　　　B. 膨胀　　　　　C. 不变化　　　　　D. 不确定

【答案】A

【解析】考查发生转变后体积的变化。体心立方(BCC)转变为密排六方(HCP)时，密度增加，体积缩小。

29. 白口铸铁和碳钢室温平衡组织的最大区别是(　　)。[国防科技大学·2015]

　　A. 白口铸铁中没有珠光体　　　　　　　　B. 碳钢中没有莱氏体

　　C. 白口铸铁中有初生渗碳体　　　　　　　D. 以上均不对

【答案】B

【解析】考查碳钢和白口铸铁的不同。碳钢中没有莱氏体，白口铸铁中有莱氏体。

30. 铁碳合金中，共晶合金的室温组织是(　　)。[东南大学·2022]

　　A. 铁素体　　　　　B. 珠光体　　　　　C. 莱氏体　　　　　D. 变态莱氏体

【答案】D

【解析】考查铁碳合金共晶组织从高温到室温时的变化。莱氏体降温变成变态莱氏体。

31. (多选)$w(C)=0.6\%$ 的钢在平衡结晶到室温时，(　　)。[哈尔滨工业大学·2010]

　　A. 相组成物为铁素体+渗碳体

　　B. 组织组成物为珠光体+铁素体

　　C. 铁素体的含量为37%，珠光体的含量为63%

　　D. 铁素体相的含量为98%

【答案】ABC

32. (多选)对于平衡状态下的亚共析钢，随着含碳量的增加，其(　　)。[哈尔滨工业大学·2007]

　　A. 硬度、强度均升高　　　　　　　　　B. 硬度下降，塑性升高

　　C. 塑性、韧性均下降　　　　　　　　　D. 强度、塑性均不变

【答案】AC

【解析】考查含碳量对亚共析钢性能的影响。对于亚共析钢来说，随着含碳量的上升，硬度、强度上升，塑性、韧性下降。

33.碳含量为1.0%(质量)的Fe-C合金平衡冷却到室温的组织中，不可能存在(　　)。[东南大学·2016]

A.共晶渗碳体　　　　B.共析渗碳体　　　　C. Fe_3C_{II}　　　　D. Fe_3C_{III}

【答案】A

【解析】考查铁碳合金的冷却过程。过共析钢的冷却过程没有发生共晶反应，所以不存在共晶渗碳体。

34. $w(C) = 3.0\%$ 的铁碳合金冷却过程如图所示，1—2阶段的形貌图应为(　　)。[上海科学技术大学·2022]

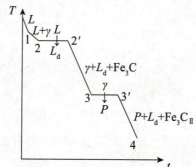

 A.　　　 B.　　　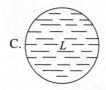 C.

【答案】B

【解析】考查 $w(C) = 3.0\%$ 的铁碳合金室温冷却过程中各阶段的组织示意图。

35.(多选)合金元素在钢中的分布形态包括(　　)。[西南交通大学·2014]

A.溶于铁素体、奥氏体、马氏体中，以溶质形式存在

B.形成强化相

C.游离态存在

D.以上都不对

【答案】ABC

【解析】考查碳在钢中的存在形式。合金元素在钢中可能会固溶到铁素体、奥氏体、马氏体等组织中，还可以形成强化相，或者呈现游离态。

36.Fe-Fe₃C相图中，亚共晶合金的初晶奥氏体实际凝固时，常以(　　)方式长大。[河北工业大学·2015]

A. 平面状   B. 等轴状   C. 规则外形   D. 树枝状

【答案】D

【解析】考查初晶奥氏体的形态。亚共晶初晶为奥氏体,一般以树枝晶生长。

37. 由Fe−C相图,纯铁在共析温度(727 ℃以上)时,铁素体渗碳,材料中不会出现( )。[上海交通大学·2019]

A. 奥氏体区   B. 渗碳体区   C. 珠光体区   D. 铁素体区

【答案】C

【解析】考查纯铁二元系反应扩散。二元系反应扩散不会出现两相共存区。

38. 含碳量为0.5%的钢冷却到室温的过程中形成的铁碳合金( )。[华中科技大学·2023]

A. 相组成为珠光体和渗碳体

B. 组织组成为铁素体和二次渗碳体

C. 铁素体含量为36%,珠光体含量为64%

【答案】C

【解析】考查组织组成和相组成的计算。需要掌握七种铁碳合金组织组成和相组成的计算。

39. 对于Fe−C系合金,含碳量为( )时,其铸造组织形成粗大树枝晶的倾向最大。[河北工业大学·2023]

A. 0.10%   B. 0.45%   C. 1.2%   D. 4.3%

【答案】C

【解析】考查铁碳合金形成柱状晶的倾向性。过共析钢形成粗大树枝晶的倾向最大。

40. 关于Fe−C合金中珠光体的表述,正确的是( )。[上海交通大学·2018]

A. 珠光体是铸铁的显微组织

B. 珠光体是共晶反应的产物

C. 珠光体是铁素体和奥氏体的机械混合物

D. 珠光体是铁素体和渗碳体的机械混合物

【答案】D

【解析】考查珠光体。珠光体是由铁素体和渗碳体形成的机械混合物。

41. 在单相固溶中,形成枝晶的条件是( )。[东南大学·2017]

A. 成分过冷越大,越易形成枝晶

B. 有成分过冷才能形成枝晶

C. 正常凝固条件下才能形成枝晶

D. 平衡凝固条件下才能形成枝晶

【答案】A

【解析】考查枝晶形成的条件。枝晶在冷却速度快的非平衡条件下形成。

42.下列最适用于制备单晶薄膜的方法是(　　)。[中山大学·2019]

　　A.区熔法　　　　　　B.液相外延法　　　　C.提拉法　　　　　D.焰熔法

【答案】B

【解析】考查单晶薄膜的制备。薄膜按其晶体结构,有单晶、多晶、非晶薄膜。单晶薄膜需要在单晶基板上通过外延的方法才能做出。单晶薄膜制备技术通常指分子束外延技术。用真空蒸镀法或溅射法来制作单晶薄膜较困难,所以必须考虑基片的恰当性和温度的适宜性。

43.当两组元熔点相差悬殊时,靠近共晶成分的合金经快速冷却,未必能获得伪共晶组织,这是因为伪共晶区(　　)。[哈尔滨工业大学·2011]

　　A.偏向低熔点组元一侧　　　　　　　　B.偏向高熔点组元一侧

　　C.大致对称　　　　　　　　　　　　　D.不能确定

【答案】B

【解析】考查伪共晶区中的组元。伪共晶区偏向高熔点组元一侧。

44.关于偏析,下列说法错误的是(　　)。[东南大学·2023]

　　A.宏观偏析可以经过均匀化退火消除

　　B.非平衡凝固过程中形成的枝晶偏析属于微观偏析

　　C.微观偏析可以经过均匀化退火消除

　　D.比重偏析属于宏观偏析

【答案】A

【解析】考查偏析的种类和消除方法。宏观偏析不能靠均匀化退火消除。

宏观偏析的消除方法:

①保证合金成分,使凝固过程中液体密度差别最小。

②适当的铸件或铸锭高度。

③采用加入孕育剂、振动、搅拌等细化晶粒的措施,减少枝晶间液体金属流动。

④加大冷却速度,缩短固液相区的凝固时间。

45.运用区域熔炼方法(　　)。[东南大学·2022]

　　A.可以提高金属的纯度　　　　　　　　B.可以消除晶体中的微观缺陷

　　C.可以消除晶体中的宏观缺陷　　　　　D.可以使材料的成分更均匀

【答案】A

【解析】考查区域熔炼。区域熔炼可以提纯。

46.下列各种偏析中,可以通过热处理方法消除的是(　　)。[东南大学·2019]

　　A.正常偏析　　　　B.比重偏析　　　　C.反偏析　　　　D.枝晶偏析

【答案】D

【解析】考查偏析的消除方法。枝晶偏析是微观偏析,可以采用均匀化退火的方式消除,而正常偏析、反偏析和比重偏析不能采用热处理的方法消除。

47.下列偏析不属于微观偏析的是( )。[东南大学·2016]

A.枝晶偏析　　　B.比重偏析　　　C.胞状偏析　　　D.晶内偏析

【答案】B

【解析】考查微观偏析的种类。比重偏析属于宏观偏析,宏观偏析有正常偏析、反偏析和比重偏析。

48.铸锭凝固时,如大部分结晶潜热可通过液相散失,则固态显微组织主要为( )。[西南交通大学·2014]

A.树枝晶　　　B.柱状晶　　　C.球晶　　　D.胞状晶

【答案】A

【解析】考查凝固。铸锭凝固时,大部分结晶潜热通过液相散失,有利于树枝晶的生成。

49.在二元合金中,若二组元的含量增大,其凝固温度范围增大。在相同凝固条件下,含量增大有利于形成( )。[上海交通大学·2019]

A.平直界面　　　B.胞状组织　　　C.树枝晶　　　D.等轴晶

【答案】C

【解析】考查枝晶偏析的形成。凝固温差变大,成分过冷加剧,有利于形成树枝晶。

50.固态相变时,相变阻力主要包括( )。[上海交通大学·2018]

A.体积自由能和弹性应变能　　　　　B.界面能和弹性应变能

C.界面能和缺陷储存能　　　　　　　D.弹性应变能和缺陷储存能

【答案】B

【解析】固态相变的阻力是界面能和弹性应变能。

51.根据固态相变转变动力学可知( )。[上海交通大学·2017]

A.开始时速率最高　　　　　　B.结束时速率最高

C.约一半时速率最高　　　　　D.与时间有关系

【答案】C

【解析】考查相变速率。相变速率在相变之初和相变结束时最低,转变量约50%时最高。

52.固溶体的非平衡凝固会导致凝固终结温度( )平衡凝固时的终结温度。[上海交通大学·2010]

A.高于　　　　B.等于　　　　C.低于

【答案】C

【解析】考查固溶体非平衡凝固的特点。非平衡凝固总是导致凝固终结温度低于平衡凝固时的终结温度。非平衡凝固一般是快冷条件,每一温度下不能保证充分的扩散时间,最终凝固温度会低于平衡凝固。

53.在薄膜的生长方式中,(   )模型不涉及晶体外延生长。[上海交通大学·2010]

 A.层核生长　　　　　　B.二维生长　　　　　　C.三维生长

【答案】C

【解析】考查薄膜的生长方式。三维生长模型不涉及晶体外延生长。

54.偏晶转变的反应式为(   )。[上海理工大学·2020]

 A. $L_1+L_2 \rightarrow \alpha$　　　B. $\alpha \rightarrow L+\beta$　　　C. $L_1 \rightarrow L_2+\alpha$　　　D. $L \rightarrow \alpha+\beta$

【答案】C

【解析】考查偏晶转变的反应式。

55.对于片状共晶,层片间距 λ 是一个重要参数,若凝固时(   )。[东南大学·2012]

 A.过冷度越大,凝固速率越高,则 λ 越大,共晶材料的强度越高

 B.过冷度越大,凝固速率越高,则 λ 越小,共晶材料的强度越高

 C.过冷度越小,凝固速率越低,则 λ 越大,共晶材料的强度越高

 D.过冷度越大,凝固速率越高,则 λ 越小,共晶材料的强度越低

【答案】B

【解析】考查凝固速率、层片间距、强度三者之间的关系。对于片状共晶,层片间距是一个重要参数,凝固速率、层片间距、强度的正确关系是过冷度越大,凝固速率越高,则 λ 越小,共晶材料的强度越高。

56.原合金成分不是共晶成分,经快速冷却而形成的全部共晶组织称为(   )。[太原理工大学·2022]

 A.伪共析　　　　　　　B.伪共晶　　　　　　　C.离异共晶

【答案】B

【解析】考查伪共晶。在不平衡的结晶条件下,成分在共晶点附近的合金全部转变成共晶组织,这种由非共晶成分的合金得到的共晶组织称为伪共晶。

57.根据3T曲线头部顶点的温度和时间计算得到的临界冷却速率可用来比较不同物质形成玻璃的能力,若临界冷却速率大,则(   )。[南京工业大学·2018]

 A.易形成过冷液体　　B.易形成玻璃　　　　C.容易析晶　　　　　　D.析晶困难

【答案】C

【解析】考查临界冷却速度对玻璃化和析晶的影响。临界冷却速率越小,熔体越易形成玻璃;临界冷却速率越大,熔体越容易析晶。

58.调幅分解的焓变 ΔH(   )。[上海交通大学·2024]

 A.大于0　　　　　　　B.小于0　　　　　　　C.等于0　　　　　　　D.不能确定

【答案】A

【解析】调幅分解的焓变大于0,所以 $G-x$ 曲线出现凸起区域。

59.碳含量为3%的Fe-C合金在冷却过程中, 不会出现(　　)。[上海交通大学·2024]

　　A.一次渗碳体　　　　　B.二次渗碳体　　　　　C.三次渗碳体　　　　　D.共析渗碳体

【答案】A

【解析】只有含碳量大于4.3%的Fe-C合金在冷却过程中才会出现一次渗碳体。

第八章　三元相图

一、判断题

1.三元合金中最多可能出现四相平衡。(　　)[哈尔滨工业大学·2012]

2.在三元相图中,达到三相平衡时,各相中各个组元的化学势一定相等。(　　)[西安交通大学·2023]

3.根据三元相图的垂直截面图,可以分析相成分的变化规律。(　　)[四川大学·2010]

4.在三元相图中,三相区的等温截面图是一个共轭三角形,其顶点触及三个单相区。(　　)[河北工业大学·2007]

5.在三元相图中,三相平衡时,共轭三角形的顶点为各相平衡成分点。在三角形中,成分发生变化时,平衡相的成分及相对含量可以改变。(　　)[西安交通大学·2023]

6.在三元系中,若成分为O的合金分解为两个合金或形成两个相D和E时,则D,O,E必定位于同一条直线上。(　　)[湖南大学·2006]

7.利用三元相图的垂直截面可分析给定合金在冷却过程中的相变过程,在两相区也可应用杠杆定律来计算两平衡相的相对量。(　　)[太原理工大学·2017]

8.三元相图中有垂直截面、水平截面和综合投影图,那么用水平截面可以得知各种成分的材料在此温度下的组织组成。(　　)[北京理工大学·2019]

9.三元相图的截面可以用杠杆定律计算含量。(　　)[厦门大学·2017]

10.三元相图垂直截面的两相区内不适用杠杆定律。(　　)[清华大学·2019]

二、填空题

1.三元合金相图的成分坐标用_____表示。[西安交通大学·2006]

2.根据相律,三元系中最大平衡相数为_____,此时自由度为_____,在相图上表现为_____。[云南大学·2014]

3.在三元系相图中,三相区的等温截面都是一个连接的_____,其顶点触及_____相区。[西安交通大学·2017]

4.如图所示,其中e点为_____共晶、_____相平衡点,该点自由度为_____。[天津理工大学·2020]

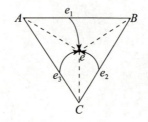

5. 在三元相图中，三相区的等温截面都是一个连接的直边三角形，三角形的顶点与_____相区相连，三角形的每条边与_____相区相邻。[天津理工大学·2012]

6. 利用三元合金变温截面图，可以方便地分析合金的_____过程，确定_____温度。三元系匀晶变温截面图上固相线和液相线_____液相和固相成分变化迹线，它们之间不存在关系，因此不能根据这些线来确定两平衡相的_____、_____、_____。[西安交通大学·2013]

7. 在三元系统相图的析晶过程中，若液相点处在 A–D 界线的某个位置上时，此时固相点应在_____的某个位置上。[南京工业大学·2021]

8. 三元相图中，三相空间的任一等温截面都是_____。[太原理工大学·2021]

9. 三元合金相图中的四相平衡水平面与单相区交成_____，与两相区交成_____，与三相区交成_____。[四川大学·2009]

10. 三元相图的三相区在水平截面图上是_____三角形，而在垂直截面图上一般是_____三角形。[郑州大学·2010]

11. 在三元合金相图的液相面投影图中，可以利用液相单变量线的温度走向(箭头)来判断四相平衡转变类型。如果三条液相单变量线的箭头均指向交点，则为_____转变；如果一条液相单变量线的箭头指向交点，两条背离交点，则为_____转变；如果两条液相单变量线的箭头指向交点，一条背离交点，则为_____转变。[太原理工大学·2021]

12. 图示为三元简单共晶相图的投影图，图中成分在 CE 线上的合金室温组织为_____；成分在 e_3E 线上的合金室温组织为_____；成分在区域6内的合金室温组织为_____。[郑州大学·2010]

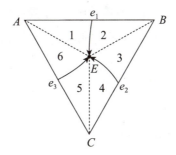

三、选择题

1. 在三元相图的浓度三角形中，三个角代表(　　　　)。[长安大学·2022]

　A. 二元区　　　　　　B. 三元区　　　　　　C. 四元区　　　　　　D. 一元区

2. 在三元系成分三角形中，成分位于(　　　　)上的合金，所含有的另两个顶角代表的组元的成分之比是常数。[太原理工大学·2023]

　A. 通过三角形顶角的中垂线

　B. 通过三角形顶角的任一直线

　C. 平行于三角形某一条边的直线

3.在 $A-B-C$ 三元合金中,组元 A 和组元 B 质量分数比值相等的合金,位于三角形中(　　)所在的直线上。[上海理工大学·2014]

A.平行于 AB

B.通过 C 向 AB

C.通过 A 向 BC

4.(多选)在三元相图中,(　　)。[哈尔滨工业大学·2011]

A.利用变温截面图只能定性分析合金组织的转变过程

B.四相平衡反应一定是等温转变

C.等温截面上的三相区是直边三角形

D.等温截面上可使用直线法则、杠杆定律和重心规则确定各相的成分和相对含量

5.三元相图的垂直截面图可以(　　)。[哈尔滨工业大学·2009]

A.计算平衡相的成分与含量

B.定性分析金属结晶过程

C.运用杠杆定律和直线法则

6.关于三元相图,下面说法错误的是(　　)。[东南大学·2021]

A.利用液相投影图可以判断不同成分合金的初生相

B.利用垂直截面可以判断该截面内成分合金在不同温度时的相组成

C.利用水平截面可以判断对应温度下不同组织合金的组织组成和相组成

D.利用综合投影图可以分析不同成分合金的平衡冷却过程

7.综合投影图是三元投影相图中应用最多的一种,关于综合投影图,下列说法错误的是(　　)。[东南大学·2019]

A.利用综合投影图可以确定各合金的初生相

B.利用综合投影图可以确定发生相变的温度

C.利用综合投影图可以确定室温下的相组成

D.利用综合投影图可以确定室温下的组织组成

8.在三元相图中,单变量线是指(　　)。[东南大学·2009]

A.三相区中各相成分随温度而变化的关系曲线

B.垂直截面中三相区和两相区的分界线

C.水平截面中三相区和两相区的分界线

D.投影图中四相区的边界线

9.在三元系相图中,三相区的等温截面都是一个连接的三角形,其顶点触及(　　)。[西南交通大学·2014]

A.单相区　　　　　　B.两相区　　　　　　C.三相区　　　　　　D.不确定

10. 可以从三元相图的垂直截面中看出( )。[上海科技大学·2021]

    A.相浓度随温度变化的关系

    B.两相的质量分数

    C.冷凝过程中的相变温度

11. 在三元相图中,下列说法正确的是( )。[上海交通大学·2019]

    A.垂直截面图上可应用杠杆定律

    B.垂直截面图上三相区域为直边三角形

    C.四相共晶反应平面在成分投影图上为曲边四边形

    D.四相反应为等温反应

12. 在三元相图中,下列说法正确的是( )。[上海交通大学·2019]

    A.同一温度下,水平截面中各连接线的液相端点总是偏向高熔点组元一侧

    B.水平截面图中三相区是三角形

    C.相浓度随温度变化可由垂直截面图表示出来

    D.直角坐标成分表示方法适用于一组元较少,其他二组元相对较多的情况

13. 三元系统相图中的重心规则,可以用来判断三元相图中( )。[南京工业大学·2012]

    A.界线的性质   B.无变量点的性质

    C.化合物的性质   D.界线上的温度最高点

14. 三元系统相图中的连线规则,可以用来判断三元相图中( )。[南京工业大学·2010]

    A.界线的性质   B.无变量点的性质

    C.化合物的性质   D.界线上的温度最高点

15. 在三元相图中,计算二相相对量的方法为( )。[中南大学·2019]

    A.垂直截面上用直线法则   B.水平截面上用直线法则

    C.垂直截面上用重心规则   D.水平截面上用重心规则

16. 垂直截面图是实际使用三元相图的常见形式,利用垂直截面图可以( )。[东南大学·2016]

    A.分析成分在沿垂直截面内的合金的平衡冷却过程

    B.在两相区计算两平衡相的相对量

    C.判断任意三相区发生的平衡转变类型

    D.在液固两相区确定某温度下液相和固相的成分

17. 固态互不溶解的三元共晶相图的投影图如图所示,O点位于AE线上。若O点成分合金平衡凝固至室温,则该合金在室温下的组织可表示为( )。[哈尔滨工业大学·2023]

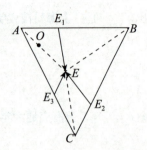

A. $A+(A+B)+(A+B+C)$

B. $(A+B)+(A+B+C)$

C. $A+(A+B+C)$

D. $(A+B+C)$

18.三元合金投影图如图所示。O点的成分为80%A, 10%B, 10%C; a点的成分为60%A, 20%B, 20%C; E点的成分为40%A, 30%B, 30%C。O点成分的合金在冷却至室温时, 初晶A的含量为( )。[哈尔滨工业大学·2018]

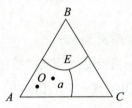

A. 30%　　　　　B. 40%　　　　　C. 50%　　　　　D. 66.6%

19.一个三元共晶相图的投影图如图所示, 各组元之间没有溶解度, $t_1>t_2>t_3$。O点的成分为15%B, 12%C; E点的成分为20%B, 25%C。熔点最高的组分是( )。[上海科技大学·2022]

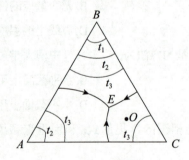

A. A　　　　　B. B　　　　　C. C

20.三元系发生包共晶转变时, 四相平衡平面的( )。[东南大学·2022]

A.上方邻接一个三相区、下方邻接三个三相区

B.上、下方各邻接两个三相区

C.上方邻接三个三相区、下方邻接一个三相区

D.上方邻接四个三相区

21.三元系中, ( )是包共晶反应。[河北工业大学·2019]

A. $L\rightarrow\alpha+\beta+\gamma$　　　　　B. $\alpha+\beta+\gamma\rightarrow L$

C. $L+\alpha \rightarrow \beta+\gamma$　　　　　　　　D. $L+\beta \rightarrow \alpha+\gamma$

22. 在三元完全不互溶的共晶相图中, 任意三元合金的平衡冷却过程(　　)。[上海交通大学·2024]

A. 一定发生匀晶转变　　　　　　　　B. 一定同时析出两元共晶

C. 一定发生三元共晶反应　　　　　　D. 一定发生脱溶反应

答案与解析

一、判断题

1.三元合金中最多可能出现四相平衡。（   ）[哈尔滨工业大学·2012]

【答案】√

【解析】考查三元相图的相数。三元相图中自由度 $f=4-P$，当 $f=0$ 时，$P=4$，因此最多四相平衡。

2.在三元相图中，达到三相平衡时，各相中各个组元的化学势一定相等。（   ）[西安交通大学·2023]

【答案】√

【解析】考查三元相图的基础。若三相平衡，则相中组元的化学势相等。

3.根据三元相图的垂直截面图，可以分析相成分的变化规律。（   ）[四川大学·2010]

【答案】×

【解析】考查三元相图的垂直截面图。三元相图的垂直截面不是成分变化规律的截面，不能分析相成分的变化规律。

4.在三元相图中，三相区的等温截面图是一个共轭三角形，其顶点触及三个单相区。（   ）[河北工业大学·2007]

【答案】√

【解析】考查三元相图的截面图。

5.在三元相图中，三相平衡时，共轭三角形的顶点为各相平衡成分点。在三角形中，成分发生变化时，平衡相的成分及相对含量可以改变。（   ）[西安交通大学·2023]

【答案】√

【解析】考查三元相图的截面图。

6.在三元系中，若成分为 O 的合金分解为两个合金或形成两个相 D 和 E 时，则 D，O，E 必定位于同一条直线上。（   ）[湖南大学·2006]

【答案】√

【解析】考查直线法则。在一定温度下三组元材料两相平衡时，材料的成分点和其两个平衡相的成分点必然位于成分三角形内的一条直线上。

7.利用三元相图的垂直截面可分析给定合金在冷却过程中的相变过程，在两相区也可应用杠杆定律来计算两平衡相的相对量。（   ）[太原理工大学·2017]

【答案】×

【解析】考查三元相图的杠杆定律。由三元合金凝固时的蝴蝶状规律可知，平衡相的成分点并不都在同一个垂直截面上, 所以变温截面上的液相线和固相线并不代表平衡相的成分, 因而不能应用杠杆定律计算两平衡相的相对量。

8. 三元相图中有垂直截面、水平截面和综合投影图, 那么用水平截面可以得知各种成分的材料在此温度下的组织组成。(　　)[北京理工大学・2019]

【答案】×

【解析】考查三元相图的截面图。水平(等温)截面图得到的是相组成。

9. 三元相图的截面可以用杠杆定律计算含量。(　　)[厦门大学・2017]

【答案】×

【解析】考查三元相图的杠杆定律。三元相图的垂直截面不可以用杠杆定律计算含量。

10. 三元相图垂直截面的两相区内不适用杠杆定律。(　　)[清华大学・2019]

【答案】√

【解析】考查三元相图的杠杆定律。三元相图垂直截面的两相成分变化线不是液相线和固相线, 而是两条空间弯曲线, 垂直截面的液相线和固相线仅是垂直截面与立体相图的相区分界面的交线。

二、填空题

1. 三元合金相图的成分坐标用_____表示。[西安交通大学・2006]

【答案】等边浓度三角形。

【解析】考查三元相图成分的表示方法。

2. 根据相律, 三元系中最大平衡相数为_____, 此时自由度为_____, 在相图上表现为_____。[云南大学・2014]

【答案】4; 0; 平面。

【解析】考查晶相区接触规律式。

3. 在三元系相图中, 三相区的等温截面都是一个连接的_____, 其顶点触及_____相区。[西安交通大学・2017]

【答案】直边三角形; 单。

【解析】考查三元相图的截面图。

4. 如图所示, 其中 e 点为_____共晶、_____相平衡点, 该点自由度为_____。[天津理工大学・2020]

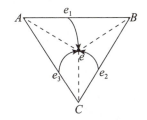

【答案】三元; 四; 0。

【解析】考查三元相图的截面图。

5. 在三元相图中, 三相区的等温截面都是一个连接的直边三角形, 三角形的顶点与_____相区相连, 三角形的每条边与_____相区相邻。[天津理工大学·2012]

【答案】单; 两。

【解析】考查三元相图的截面图。

6. 利用三元合金变温截面图, 可以方便地分析合金的_____过程, 确定_____温度。三元系匀晶变温截面图上固相线和液相线_____液相和固相成分变化迹线, 它们之间不存在关系, 因此不能根据这些线来确定两平衡相的_____、_____、_____。[西安交通大学·2013]

【答案】结晶; 转变; 不是; 对应关系、成分、相对量。

【解析】考查三元合金截面图。

7. 在三元系统相图的析晶过程中, 若液相点处在 $A-D$ 界线的某个位置上时, 此时固相点应在_____的某个位置上。[南京工业大学·2021]

【答案】$A-D$ 连线。

【解析】考查三元相图的截面图。

8. 三元相图中, 三相空间的任一等温截面都是_____。[太原理工大学·2021]

【答案】直边三角形。

【解析】考查三元相图的截面图。

9. 三元合金相图中的四相平衡水平面与单相区交成_____, 与两相区交成_____, 与三相区交成_____。[四川大学·2009]

【答案】点; 线; 面。

【解析】考查晶相区接触规律式: $n = C - \Delta P$。

对于三元系合金, $C = 3$。

当 $\Delta P = 3$ 时, $n = 0$。相邻相区为零维接触(点接触), 三元系中以点相接触的相区只有单相区和四相区。

当 $\Delta P = 2$ 时, $n = 1$。相邻相区为一维接触(线接触), 三元系中单相区与三相区、两相区与四相区均为线接触。

当 $\Delta P = 1$ 时, $n = 2$。相邻相区为二维接触(面接触), 三元系中单相区与两相区、两相区与三相区、三相区与四相区均为面接触。

10. 三元相图的三相区在水平截面图上是_____三角形, 而在垂直截面图上一般是_____三角形。[郑州大学·2010]

【答案】直边; 曲边。

【解析】考查三元相图的截面图。

11. 在三元合金相图的液相面投影图中, 可以利用液相单变量线的温度走向(箭头)来判断四相平衡转变类型。如果三条液相单变量线的箭头均指向交点, 则为_____转变; 如果一条液相单变量线的箭头指向交点, 两条背离交点, 则为_____转变; 如果两条液相单变量线的箭头指向交点, 一条背离交点, 则为_____转变。[太原理工大学·2021]

【答案】三元共晶; 三元包晶; 三元包共晶。

【解析】考查三元相图的投影图。各液相面交线的投影如表所示。

转变类型	三元共晶转变 ($L \rightarrow \alpha+\beta+\gamma$)	三元包共晶转变 ($L+\alpha \rightarrow \beta+\gamma$)	三元包晶转变 ($L+\alpha+\beta \rightarrow \gamma$)
转变前的三相平衡			
四相平衡			
转变后的三相平衡			
液相面交线的投影			

12. 图示为三元简单共晶相图的投影图, 图中成分在 CE 线上的合金室温组织为_____; 成分在 e_3E 线上的合金室温组织为_____; 成分在区域6内的合金室温组织为_____。[郑州大学·2010]

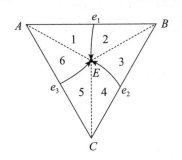

【答案】初晶C+三相共晶$(A+B+C)$;两相共晶$(A+C)$+三相共晶$(A+B+C)$;初晶A+两相共晶$(A+C)$+三相共晶$(A+B+C)$。

【解析】考查三元相图的投影图。由各投影易看出。

三、选择题

1.在三元相图的浓度三角形中,三个角代表(　　　)。[长安大学·2022]

　　A.二元区　　　　　　B.三元区　　　　　　　C.四元区　　　　　　　D.一元区

【答案】D

【解析】考查三元相图的成分表示方法。等边三角形ABC的三个顶点代表三个纯组元,含量为100%,每条边代表两个顶点组成的二元合金系的成分变化,分别代表三个二元素A-B,B-C,C-A的成分,位于三角形内部的点代表三元系的成分。

2.在三元系成分三角形中,成分位于(　　　)上的合金,所含有的另两个顶角代表的组元的成分之比是常数。[太原理工大学·2023]

　　A.通过三角形顶角的中垂线

　　B.通过三角形顶角的任一直线

　　C.平行于三角形某一条边的直线

【答案】B

【解析】考查三元相图的成分三角形。成分位于通过三角形顶角的任一直线的合金,所含有的另两个顶角代表的组元的成分之比是常数。

3.在A-B-C三元合金中,组元A和组元B质量分数比值相等的合金,位于三角形中(　　　)所在的直线上。[上海理工大学·2014]

　　A.平行于AB

　　B.通过C向AB

　　C.通过A向BC

【答案】B

【解析】考查三元相图的成分三角形。①成分位于平行于三角形某一条边的直线上的合金,所含的这条边对应的顶点代表的组元的含量为定值。

②成分位于过三角形顶点的直线上的合金,所含的由另外两个顶点代表的组元的成分之比为常数。

4.(多选)在三元相图中,(　　　)。[哈尔滨工业大学·2011]

　　A.利用变温截面图只能定性分析合金组织的转变过程

　　B.四相平衡反应一定是等温转变

　　C.等温截面上的三相区是直边三角形

D.等温截面上可使用直线法则、杠杆定律和重心规则确定各相的成分和相对含量

【答案】ABCD

【解析】考查三元相图的截面图。四相平衡反应自由度 $f = 3 - 4 + 1 = 0$，所以四相平衡反应是等温转变。等温截面上的三相区为直边三角形，可以用定量计算方法。

5.三元相图的垂直截面图可以( )。[哈尔滨工业大学·2009]

　　A.计算平衡相的成分与含量

　　B.定性分析金属结晶过程

　　C.运用杠杆定律和直线法则

【答案】B

【解析】考查三元相图的截面图。垂直截面图可以定性分析,但不能定量分析。

6.关于三元相图,下面说法错误的是( )。[东南大学·2021]

　　A.利用液相投影图可以判断不同成分合金的初生相

　　B.利用垂直截面可以判断该截面内成分合金在不同温度时的相组成

　　C.利用水平截面可以判断对应温度下不同组织合金的组织组成和相组成

　　D.利用综合投影图可以分析不同成分合金的平衡冷却过程

【答案】C

【解析】考查三元相图的截面图。水平(等温)截面图能得到相组成,不能得到组织组成。

7.综合投影图是三元投影相图中应用最多的一种,关于综合投影图,下列说法错误的是( )。

[东南大学·2019]

　　A.利用综合投影图可以确定各合金的初生相

　　B.利用综合投影图可以确定发生相变的温度

　　C.利用综合投影图可以确定室温下的相组成

　　D.利用综合投影图可以确定室温下的组织组成

【答案】B

【解析】考查三元相图的截面图。利用综合投影图不能确定发生相变的温度。

8.在三元相图中,单变量线是指( )。[东南大学·2009]

　　A.三相区中各相成分随温度而变化的关系曲线

　　B.垂直截面中三相区和两相区的分界线

　　C.水平截面中三相区和两相区的分界线

　　D.投影图中四相区的边界线

【答案】A

【解析】考查三元相图的基本知识点。在三元相图中,单变量线是指三相区中各相成分随温度而变化的关系曲线。

9.在三元系相图中, 三相区的等温截面都是一个连接的三角形, 其顶点触及( )。[西南交通大学 · 2014]

    A.单相区   B.两相区   C.三相区   D.不确定

【答案】A

【解析】考查三元相图的截面图。

10.可以从三元相图的垂直截面中看出( )。[上海科技大学 · 2021]

    A.相浓度随温度变化的关系

    B.两相的质量分数

    C.冷凝过程中的相变温度

【答案】C

【解析】考查三元相图的截面图。三元系的垂直截面是用垂直于成分三角形的平面去截相图的立体图, 把所得的交线画在该平面上的相关系图。它一般不能表示平衡各相的成分, 但可以从图中得到冷凝过程中的相变温度。

11.在三元相图中, 下列说法正确的是( )。[上海交通大学 · 2019]

    A.垂直截面图上可应用杠杆定律

    B.垂直截面图上三相区域为直边三角形

    C.四相共晶反应平面在成分投影图上为曲边四边形

    D.四相反应为等温反应

【答案】D

【解析】考查三元相图的截面图。四相反应时, 自由度为0, 成分和温度均不变化。

12.在三元相图中, 下列说法正确的是( )。[上海交通大学 · 2019]

    A.同一温度下, 水平截面中各连接线的液相端点总是偏向高熔点组元一侧

    B.水平截面图中三相区是三角形

    C.相浓度随温度变化可由垂直截面图表示出来

    D.直角坐标成分表示方法适用于一组元较少, 其他二组元相对较多的情况

【答案】B

【解析】考查三元相图的截面图。根据三元相图的几何规律判断。

13.三元系统相图中的重心规则, 可以用来判断三元相图中( )。[南京工业大学 · 2012]

    A.界线的性质   B.无变量点的性质

    C.化合物的性质   D.界线上的温度最高点

【答案】B

【解析】考查三元系统相图中的重心规则。重心点能用来判断无变量点的性质。

14.三元系统相图中的连线规则, 可以用来判断三元相图中( )。[南京工业大学 · 2010]

A.界线的性质 　　　　　　　　　　B.无变量点的性质

C.化合物的性质 　　　　　　　　　D.界线上的温度最高点

【答案】D

【解析】考查三元系统相图中的连线规则。

15.在三元相图中,计算二相相对量的方法为( )。[中南大学·2019]

A.垂直截面上用直线法则 　　　　　B.水平截面上用直线法则

C.垂直截面上用重心规则 　　　　　D.水平截面上用重心规则

【答案】B

【解析】考查三元相图的直线法则和重心规则。

16.垂直截面图是实际使用三元相图的常见形式,利用垂直截面图可以( )。[东南大学·
2016]

A.分析成分在沿垂直截面内的合金的平衡冷却过程

B.在两相区计算两平衡相的相对量

C.判断任意三相区发生的平衡转变类型

D.在液固两相区确定某温度下液相和固相的成分

【答案】A

【解析】考查垂直截面的作用。垂直截面(变温截面):固定一个成分变量并保留温度变量的截面,
必定与浓度三角形垂直。

17.固态互不溶解的三元共晶相图的投影图如图所示,O点位于AE线上。若O点成分合金平衡凝
固至室温,则该合金在室温下的组织可表示为( )。[哈尔滨工业大学·2023]

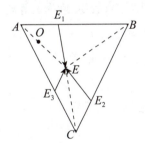

A.$A+(A+B)+(A+B+C)$ 　　　　　　B.$(A+B)+(A+B+C)$

C.$A+(A+B+C)$ 　　　　　　　　　D.$(A+B+C)$

【答案】C

【解析】考查三元相图的投影图。O点成分的合金会沿着AO的连线延伸,直至与二元共晶线或
三元共晶点相交。在这个题目中,O点恰好在AE二元共晶线上,所以该合金会沿着AO延长线
析出单相A合金,并在三元共晶点E处生成三元共晶组织,这样常温合金组织即$A+(A+B+C)$。

18.三元合金投影图如图所示。O点的成分为$80\% A$, $10\% B$, $10\% C$; a点的成分为$60\% A$, $20\% B$,

20% C; E 点的成分为 40% A, 30% B, 30% C。O 点成分的合金在冷却至室温时, 初晶 A 的含量为(　　)。[哈尔滨工业大学·2018]

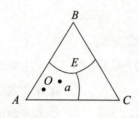

A. 30%　　　　　　B. 40%　　　　　　C. 50%　　　　　　D. 66.6%

【答案】D

【解析】考查三元相图的投影图。A, O, a, E 共线, 通过杠杆定律可求得初晶 A 的含量为 66.6%。

19. 一个三元共晶相图的投影图如图所示, 各组元之间没有溶解度, $t_1 > t_2 > t_3$。O 点的成分为 15% B, 12% C; E 点的成分为 20% B, 25% C。熔点最高的组分是(　　)。[上海科技大学·2022]

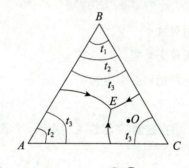

A. A　　　　　　　B. B　　　　　　C. C

【答案】B

【解析】通过观察等温线可以得到 B 熔点最高, 因为其等温线最密集。

20. 三元系发生包共晶转变时, 四相平衡平面的(　　)。[东南大学·2022]

A. 上方邻接一个三相区、下方邻接三个三相区

B. 上、下方各邻接两个三相区

C. 上方邻接三个三相区、下方邻接一个三相区

D. 上方邻接四个三相区

【答案】B

【解析】考查包共晶转变。

21. 三元系中, (　　)是包共晶反应。[河北工业大学·2019]

A. $L \rightarrow \alpha + \beta + \gamma$　　　　B. $\alpha + \beta + \gamma \rightarrow L$　　　　C. $L + \alpha \rightarrow \beta + \gamma$　　　　D. $L + \beta \rightarrow \alpha + \gamma$

【答案】C

【解析】考查三元相图的类型。

22.在三元完全不互溶的共晶相图中, 任意三元合金的平衡冷却过程(　　　　)。[上海交通大学·2024]

A.一定发生匀晶转变　　　　　　　　B.一定同时析出两元共晶

C.一定发生三元共晶反应　　　　　　D.一定发生脱溶反应

【答案】C

【解析】简单三元共晶相图中, 所有三元合金成分点都位于三元共晶面上, 都会进行三元共晶反应。

第九章　材料的亚稳态

一、判断题

1. Fe-C合金中出现的马氏体是一种亚稳态组织。（　　）[大连理工大学·2020]

2. 铁碳合金中的贝氏体组织为亚稳态组织。（　　）[北京工业大学·2019]

3. 金属材料发生固态相变时，由于母相中存在大量缺陷，相变扩散很难进行。（　　）[暨南大学·2023]

4. 材料由液态转变成固态的过程称为凝固，凝固成非晶态固体不属于相变。（　　）[北京工业大学·2014]

5. 固态相变中，由于母相中存在大量晶体缺陷，相变过程中很难发生形核。（　　）[北京工业大学·2009]

6. 固态相变时，母相中的晶体缺陷阻碍新相晶核的形成。（　　）[北京工业大学·2004]

7. 当发生固态相变时，固体从一个固相转变到另一个固相，其中至少伴随着三种变化：晶体结构的变化、化学成分的变化和有序程度的变化。（　　）[上海理工大学·2018]

8. 按照热力学分类方法，固态相变可分为一级相变、二级相变，珠光体转变属于一级相变。（　　）[太原理工大学·2021]

9. 液固转变和固态相变一样，也有驱动力并要克服阻力，因此两种转变的难易程度相似。（　　）[北京理工大学·2014]

10. 调幅分解是固体分解，是由一种固溶体分解为成分不同而结构相同的两种固溶体，无形核而直接长大的转变。（　　）[哈尔滨工业大学·2013]

11. 固溶体脱溶形成的新相与母相完全共格时，界面能最小。（　　）[西南交通大学·2006]

12. 按热力学分类，可将相变分为扩散型相变和非扩散型相变。（　　）[天津理工大学·2013]

13. 材料发生固态相变时，母相中固有的晶体缺陷越多，新相的形核与长大越困难。（　　）[暨南大学·2021]

14. 大多数固相反应是由扩散速度控制的。（　　）[四川大学·2014]

15. 马氏体相变是一种无扩散、切变型的相变。（　　）[西南交通大学·2004]

16. 只有在加热和冷却过程中存在相变的合金，才能通过热处理进行强化。（　　）[西南交通大学·2004]

17. 马氏体相变是一种无扩散型相变，相变时成分发生变化，但结构不变。（　　）[武汉理工大学·2004]

18. 马氏体相变和磁性转变都属于无扩散型固态相变。（　　）[天津理工大学·2013]

19. 相图中无固态相变的合金不能进行热处理强化。（　　）[四川大学·2011]

20.液固转变和固态转变都有驱动力并且需要克服阻力,但液固转变较固态转变更难均匀形核。

（　　）[太原理工大学·2022]

21.脱溶转变和共析转变属于非扩散型转变。（　　）[四川大学·2015]

22.固态相变中,提高等温转变的温度即可提高相变形核率。（　　）[北京工业大学·2025]

23.金属材料发生相变时,具有相变潜热和体积突变的为一级相变。（　　）[北京工业大学·2025]

24.固态相变容易产生亚稳相,主要因为亚稳相的形核位点更多。（　　）[清华大学·2025]

二、填空题

1. _____是固态相变形核的主要方式。与固态相变相比,调幅分解生成的新相与母相的_____相同而_____不同。[天津理工大学·2019]

2.固态相变的驱动力是_____;阻力是_____和_____。[太原理工大学·2017]

3.按热力学观点,一级相变在相变点自由能的一阶偏导数不为零,相变过程中热力学参数发生改变,相变有热效应;二级相变在相变点自由能的二阶偏导数不为零,相变过程中,_____、_____和_____发生不连续变化。

4.固态相变有_____和_____,前者如马氏体相变,后者如珠光体转变。固态相变可以分为形核和长大两个阶段,形成的新相与母相的相界面可以有三种不同类型,即_____、_____和_____。[华中科技大学·2007]

5.按热力学观点,相变可分为_____、_____等,前者如熔体结晶,后者如_____。[武汉理工大学·2009]

6.固态相变按照原子迁移情况,分为_____和_____。[天津理工大学·2019]

7.固态相变时,若第二相析出物引起的应变能不大,且第二相与母相间有一定的取向关系,则第二相的形态通常是_____。[天津理工大学·2008]

8.再结晶和重结晶一样,包括_____和_____两个过程,但是再结晶没有_____。[天津理工大学·2020]

9.调幅分解是固溶体的一种特殊形式,由一种固溶体分解为与母相_____相同,而_____不同的两种固溶体。[天津理工大学·2014]

10. Al-Cu合金过饱和固溶体的脱溶顺序:_____、_____、_____、_____。[西南交通大学·2006]

11.马氏体相变时,新相往往在母相的一定晶面上开始形成,这个晶面称为_____。[天津大学·2016]

12.二级相变是指_____,发生二级相变时,体系的_____发生突变。[武汉理工大学·2008]

13.马氏体相变具有以下特征:_____、_____、_____和_____等。[南京工业大学·2009]

14.固溶体过饱和分解的方式分为_____和_____。[武汉大学·2020]

三、选择题

1.下面列出的是铁碳合金在不同温度下可能出现的组织,其中(　　)是亚稳态组织。[东南大学·2019]

　　A.铁素体　　　　　　　　　　　　B.铁素体加球墨铸铁

　　C.贝氏体　　　　　　　　　　　　D.铁素体加奥氏体

2.下面列出的是铁碳合金中可能出现的组织,其中(　　)不属于亚稳态。[东南大学·2005]

　　A.铁素体　　　　　B.马氏体　　　　　C.贝氏体　　　　　D.索氏体

3.下列固态相变中,不属于一级相变的是(　　)。[东南大学·2013]

　　A.金属凝固　　　　　B.固溶体的脱溶　　　　　C.磁性转变　　　　　D.马氏体相变

4.按照热力学分类方法,固态相变可以分为一级相变、二级相变等,(　　)属于一级相变。[太原理工大学·2015]

　　A.磁性转变　　　　　　　　　　　　B.有序 – 无序转变

　　C.共析转变　　　　　　　　　　　　D.超导转变

5.一级相变时,体积V和熵S会发生(　　)变化。[云南大学·2007]

　　A.$\Delta V =0,\ \Delta S \neq 0$　　　　　　　　　　B.$\Delta V \neq 0,\ \Delta S \neq 0$

　　C.$\Delta V \neq 0,\ \Delta S =0$　　　　　　　　　　D.$\Delta V =0,\ \Delta S =0$

6.固态相变中,属于非扩散型相变的是(　　)。[东南大学·2016]

　　A.脱溶转变　　　　　B.共析转变　　　　　C.马氏相变　　　　　D.调幅分解

7.准晶之所以被称为亚稳态,是因为(　　)。[东南大学·2007]

　　A.系统以准晶的形式存在时,自由焓处于最小值

　　B.系统以准晶的形式存在时,自由焓处于极小值

　　C.系统以准晶的形式存在时,其自由焓高于非晶态的自由焓

　　D.系统以准晶的形式存在时,其自由焓低于多晶态的自由焓

8.(多选)关于扩散型相变与非扩散型相变的特点,下列说法错误的是(　　)。[哈尔滨工业大学·2022]

　　A.扩散型相变往往无外形变化

　　B.扩散型相变的长大速度取决于原子的扩散速度

　　C.非扩散型相变的新相与母相之间有一定的晶体学位向关系

　　D.非扩散型相变的新相与母相成分相同,原子没有发生相变

9.下列不需要形核的过程也可以完成的转变是(　　)。[东南大学·2014]

A.沉淀相变　　　　　B.调幅分解　　　　　C.共析转变　　　　　D.马氏体转变

10.在脱溶沉淀相变过程中,形核功及临界半径与ΔG_V(驱动力)、σ(界面能)及ω(弹性应变能)有关,(　　)。[东南大学·2011]

A. ΔG_V(绝对值)越小,则临界半径和形核功越小

B. σ越小,则临界半径和临界晶核的体积越大,形核功也越大

C. ω越小,则临界半径和临界晶核的体积越大,形核功也越大

D.非均匀形核的形核功还取决于缺陷类型

11.在脱溶相变过程中常形成亚稳相(过渡相)而不直接析出平衡相,其原因是(　　)。[北京理工大学·2019]

A.形成亚稳相所需克服的能量势垒低

B.亚稳相与母相的成分相同

C.亚稳相与母相的结构相同

D.亚稳相与平衡相的结构相同,便于平衡相形核

12.(多选)调幅分解是固溶体分解的一种特殊形式,其(　　)。[哈尔滨工业大学·2020]

A.在形成初期组织分布均匀,弥散度大　　　　B.条件是合金中可以进行扩散

C.无形核,直接长大　　　　D.属于固态相变

13.(多选)调幅分解可描述为(　　)。[哈尔滨工业大学·2014]

A.一种无核转变

B.按扩散-偏聚机制进行的一种固态相变

C.新相与母相始终保持完全共格关系

D.组织弥散度大,具有定向排列的特征

14.(多选)下列说法正确的是(　　)。[东南大学·2012]

A.脱溶过程中过饱和固溶体逐渐变为饱和固溶体

B.通过加热后发生的时效称为人工时效

C.Al-Cu合金脱溶析出的G.P.区与基体的界面为非共格界面

D.调幅分解不存在形核阶段,按扩散-偏聚机制发生上坡扩散

15.关于脱溶沉淀中新相长大速度错误的是(　　)。[上海交通大学·2018]

A.与界面附近母相中浓度梯度成正比

B.与两相在界面上的平衡浓度差成正比

C.长大浓度随时间延长而减小

D.与扩散系数成正比

16.关于 SiO_2 晶体和非晶体的热膨胀系数比较,下列选项正确的是(　　)。[中国科学技术大学·2022]

    A.低温下 SiO_2 晶体大,高温下相反　　　　　B.低温下 SiO_2 非晶体大,高温下相反

    C.低温下 SiO_2 晶体大,高温下近似相同　　　D.低温下 SiO_2 非晶体大,高温下近似相同

17.马氏体是一种非扩散型的固态相变,(　　)不是马氏体转变的特点。[上海科技大学·2023]

    A.新旧相化学成分发生变化

    B.无扩散过程

    C.原子协同小范围位移,以类似孪生的切变方式形成亚稳态马氏体新相

    D.以上都不对

18.下列发生了上坡扩散的转变过程是(　　)。[东南大学·2012]

    A.脱溶转变　　　　　　B.有序化转变　　　　　　C.块状转变　　　　　　D.调幅分解

19.(多选)关于贝氏体的说法,正确的是(　　)。[哈尔滨工业大学·2023]

    A.贝氏体是由含碳量过饱和的铁素体和碳化物/富碳奥氏体区组成的机械混合物

    B.贝氏体转变过程中,铁原子发生切变而部分碳原子发生扩散

    C.下贝氏体铁素体过饱和碳含量高于上贝氏体

    D.高碳钢下贝氏体组织具有良好的强度和韧性,又有很好的耐磨性

20.马氏体相变中,可能出现的是(　　)。[东南大学·2022]

    A.产生剩余奥氏体

    B.由于没有扩散,反应后的晶体结构和反应前的相同

    C.因为没有扩散,所以没有形核

    D.发生扩散

21.下列选项中,(　　)属于上坡扩散。[东南大学·2022]

    A.调幅分解　　　　　　B.马氏体相变　　　　　　C.贝氏体相变　　　　　　D.沉淀相变

22.不是固态相变形核阻力的是(　　)。[东南大学·2021]

    A.晶界能　　　　　　　B.两相体积差　　　　　　C.弹性应变能　　　　　　D.塑性应变能

23.下列固态相变中,属于非扩散型相变的是(　　)。[东南大学·2016]

    A.脱溶转变　　　　　　B.共析转变　　　　　　C.马氏体相变　　　　　　D.调幅分解

24.关于马氏体相变,下列说法错误的是(　　)。[东南大学·2016]

    A.马氏体相变是通过均匀切变进行的

    B.马氏体相变属于扩散型相变

    C.马氏体与母相是共格的,存在确定位向关系

    D.马氏体相变具有可逆性

25.相变转变过程中,结构和成分都有变化的是(　　　)。[上海理工大学·2022]

　　A.马氏体转变　　　　　　　　　　　　B.贝氏体转变

　　C.有序化转变　　　　　　　　　　　　D.调幅分解

26.关于固态相变的两相界面的描述,错误的是(　　　)。[上海交通大学·2022]

　　A.两相间无一定的晶体学位向关系,则其界面一定为非共格的

　　B.两相间存在晶体学位向关系,必然具有共格或半共格界面

　　C.非共格界面能最高

　　D.共格界面的弹性应变能最大

27.(多选)关于马氏体转变,下列说法正确的是(　　　)。[哈尔滨工业大学·2022]

　　A.马氏体转变为非扩散型相变

　　B.碳含量低时,易于形成片状马氏体

　　C.碳和合金元素含量影响马氏体的形成温度,进而决定马氏体形变

　　D.板条状马氏体亚结构为孪晶

28.贝氏体转变属于(　　　)。[西南交通大学·2014]

　　A.高温转变　　　　　B.中温转变　　　　　C.低温转变　　　　　D.非扩散型相变

29.珠光体转变属于(　　　)。[西南交通大学·2011]

　　A.高温转变　　　　　B.中温转变　　　　　C.低温转变　　　　　D.非扩散型相变

30.固态相变晶界形核中,优先形核的位置是(　　　)。[太原理工大学·2022]

　　A.界面　　　　　　　B.界棱　　　　　　　C.界隅

31.(多选)钢中马氏体是在奥氏体惯习面形成的,惯习面为(　　　)。[天津大学·2021]

　　A.{111}　　　　　　B.{112}　　　　　　C.{225}　　　　　　D.{259}

32.下列可以说明扩散的驱动力并非浓度梯度的现象为(　　　)。[上海交通大学·2022]

　　A.调幅分解　　　　　　　　　　　　　　B.均匀化退火

　　C.马氏体相变　　　　　　　　　　　　　D.粒子的溶解

33.固态相变中,当过冷度较大,新旧相能比容差很小时,新相以非共格形式长大,较易形成(　　　)。[上海交通大学·2019]

　　A.球状　　　　　　　B.圆盘状　　　　　　C.针状　　　　　　　D.都有可能

34.固态相变中存在惯析面是为了降低(　　　)。[上海交通大学·2019]

　　A.应变能　　　　　　　　　　　　　　　B.界面能

　　C.残余应力　　　　　　　　　　　　　　D.体积自由能

35.以下关于焊接产生的应力应变对过冷奥氏体转变的影响,说法正确的是(　　　)。[天津大学·2021]

　　A.拉伸降低过冷奥氏体的稳定性　　　　　B.应力应变利于扩散型相变

C.切应力阻碍马氏体相变　　　　　　　D.正应力阻碍马氏体相变

36.(多选)下列属于马氏体相变特点的是(　　)。[天津大学·2020]

　　A.无扩散性　　　　　　　　　　　　B.切变共格性

　　C.具有特定的惯习面和位向关系　　　　D.在一定温度范围内进行

37.同素异晶转变和再结晶转变都是以形核长大方式进行的,且(　　)。[中南大学·2018]

　　A.两者都是相变过程　　　　　　　　B.两者都不是相变过程

　　C.仅同素异晶转变是相变过程　　　　D.仅再结晶转变是相变过程

38.(　　)过程不能体现扩散。[上海交通大学·2025]

　　A.脱溶　　　　　B.马氏体相变　　　　C.再结晶形核　　　　D.调幅分解

39.下列固态相变中,新相长大主要受界面处短程扩散控制的是(　　)。[上海交通大学·2024]

　　A.马氏体转变　　　　　　　　　　　B.多晶型转变

　　C.贝氏体转变　　　　　　　　　　　D.固溶体脱溶转变

答案与解析

一、判断题

1. Fe-C合金中出现的马氏体是一种亚稳态组织。(　　)［大连理工大学·2020］

【答案】√

【解析】考查马氏体组织的性质。材料的稳定状态是体系自由能最低时候的平衡状态。相图只表示相的平衡状态，但是由于各种原因，材料会以高于平衡态的高能态形式存在，即处于非平衡状态的亚稳态。马氏体是C在α-Fe中的过饱和固溶体，即溶质原子碳在固溶体中的浓度超过平衡浓度而在一定条件下稳定存在，故马氏体是亚稳态组织。

2. 铁碳合金中的贝氏体组织为亚稳态组织。(　　)［北京工业大学·2019］

【答案】√

【解析】考查贝氏体组织的性质。贝氏体是铁素体及其间弥散分布的碳化物组成的亚稳态组织。

3. 金属材料发生固态相变时，由于母相中存在大量缺陷，相变扩散很难进行。(　　)［暨南大学·2023］

【答案】×

【解析】考查缺陷对固态相变过程的影响。缺陷为形核提供了有利条件，可促进扩散过程。

4. 材料由液态转变成固态的过程称为凝固，凝固成非晶态固体不属于相变。(　　)［北京工业大学·2014］

【答案】√

【解析】考查凝固、玻璃化转变的定义。凝固成非晶态固体的不属于相变，常称之为非晶转变或玻璃化转变，结晶是一种相变。

5. 固态相变中，由于母相中存在大量晶体缺陷，相变过程中很难发生形核。(　　)［北京工业大学·2009］

【答案】×

【解析】考查母相晶体缺陷对固态相变的影响。因为固态材料中存在的大量晶体缺陷可提供能量，所以可促进形核。

6. 固态相变时，母相中的晶体缺陷阻碍新相晶核的形成。(　　)［北京工业大学·2004］

【答案】×

【解析】考查母相晶体缺陷对固态相变的影响。因为固态材料中存在的大量晶体缺陷可提供能量，所以可促进形核。

7. 当发生固态相变时，固体从一个固相转变到另一个固相，其中至少伴随着三种变化：晶体结构的变化、化学成分的变化和有序程度的变化。(　　)［上海理工大学·2018］

【答案】√

【解析】考查固态相变中存在的变化。固态相变存在晶体结构的变化、化学成分的变化及有序程度的变化。

8. 按照热力学分类方法, 固态相变可分为一级相变、二级相变, 珠光体转变属于一级相变。( )

[太原理工大学·2021]

【答案】√

【解析】考查固态相变分类及珠光体转变的特点。

(1)一级相变和二级相变的特点不同。

①一级相变: 伴随着熵和体积的突变。

②二级相变: 大多发生在极低温度时。

(2)一级相变和二级相变的体积变化不同。

①一级相变: 有体积的变化。

②二级相变: 无体积的变化。

(3)一级相变和二级相变的新旧两相的化学势不同。

①一级相变: 新旧两相的化学势相等, 但是化学势的一次偏导数不相等。

②二级相变: 新旧两相的化学势一次偏导数相等, 二次偏导数不相等。

9. 液固转变和固态相变一样, 也有驱动力并要克服阻力, 因此两种转变的难易程度相似。( )

[北京理工大学·2014]

【答案】×

【解析】考查液固转变与固态相变的驱动力及阻力大小和发生的难易程度是否相同。驱动力和阻力大小不相同, 所以难易程度也不同。

10. 调幅分解是固体分解, 是由一种固溶体分解为成分不同而结构相同的两种固溶体, 无形核而直接长大的转变。( )[哈尔滨工业大学·2013]

【答案】√

【解析】考查调幅分解的定义。调幅分解是过饱和固溶体在一定温度下分解成结构相同、成分不同的两个相的过程, 没有晶体结构的变化。

11. 固溶体脱溶形成的新相与母相完全共格时, 界面能最小。( )[西南交通大学·2006]

【答案】√

【解析】考查脱溶形成的新相与母相的关系。新相与母相完全共格时, 界面能最小。

12. 按热力学分类, 可将相变分为扩散型相变和非扩散型相变。( )[天津理工大学·2013]

【答案】×

【解析】考查固态相变的分类方式。按热力学分类, 分为一级相变和二级相变。按原子迁移特征分类, 分为扩散型相变和非扩散型相变。按相变的平衡态分类, 分为平衡相变和非平衡相变。

13.材料发生固态相变时,母相中固有的晶体缺陷越多,新相的形核与长大越困难。(　　)[暨南大学·2021]

【答案】×

【解析】考查晶体缺陷对新相形核长大的影响。晶体缺陷可为形核提供有利条件。

14.大多数固相反应是由扩散速度控制的。(　　)[四川大学·2014]

【答案】√

【解析】考查影响固相反应速率的主要因素。固态相变时,新相与母相的化学成分或晶体结构发生改变,所以转变过程通常需要原子扩散进行重构。

新相通过母相原子扩散而形核,扩散决定转变速率和形成产物。固相中原子扩散速度慢,因此大多数固相反应由扩散速度控制。可以理解为木桶效应:一只水桶能装多少水取决于它最短的那块木板。

做判断题时,注意"大多数""一般""通常"的限定。太绝对的说法要小心。

15.马氏体相变是一种无扩散、切变型的相变。(　　)[西南交通大学·2004]

【答案】√

【解析】考查马氏体相变的特点。马氏体相变时,碳原子、铁原子不发生扩散,所以是无扩散、切变型的相变。

16.只有在加热和冷却过程中存在相变的合金,才能通过热处理进行强化。(　　)[西南交通大学·2004]

【答案】√

【解析】考查热处理强化方法。热处理的条件是合金存在固态相变或固溶度的变化。不发生相变的合金,无法通过热处理强化。

17.马氏体相变是一种无扩散型相变,相变时成分发生变化,但结构不变。(　　)[武汉理工大学·2004]

【答案】×

【解析】考查马氏体相变的特点。马氏体相变是一种无扩散型相变,相变时成分不发生变化但结构变化。

18.马氏体相变和磁性转变都属于无扩散型固态相变。(　　)[天津理工大学·2013]

【答案】√

【解析】考查马氏体相变和磁性转变的特点。马氏体相变为无扩散型转变。磁性转变属于二级相变,其转变临界点在相图上用点线表示。发生磁性转变时通常不发生成分、组织、结构和体积的变化,仅发生磁学性质的变化,因此磁性转变为无扩散型转变。

19. 相图中无固态相变的合金不能进行热处理强化。（　　）[四川大学·2011]

【答案】√

【解析】考查热处理如何对合金进行强化。相图中没有固态相变的合金只能进行消除枝晶偏析的扩散退火，不能进行其他热处理。

20. 液固转变和固态转变都有驱动力并且需要克服阻力，但液固转变较固态转变更难均匀形核。

（　　）[太原理工大学·2022]

【答案】×

【解析】考查液固转变和固态转变形核的难易程度。固态转变均匀形核率更低。

21. 脱溶转变和共析转变属于非扩散型转变。（　　）[四川大学·2015]

【答案】×

【解析】考查脱溶转变和共析转变的特点。脱溶转变和共析转变都是扩散型转变。

脱溶转变：当固溶体因温度变化等原因呈过饱和状态时，将自发地发生分解，其所含的过饱和溶质原子通过扩散形成新相析出。

共析转变：由一种成分的固相转变成两种成分不同的固相，转变过程依赖原子扩散。

扩散型相变是固态相变的通常形式，而非扩散型相变则是在特定的非平衡条件下通过特殊方式进行的，比如马氏体相变的切边共格。

22. 固态相变中，提高等温转变的温度即可提高相变形核率。（　　）[北京工业大学·2025]

【答案】×

【解析】温度提高，过冷度减小，驱动力降低，形核率不会提高。

23. 金属材料发生相变时，具有相变潜热和体积突变的为一级相变。（　　）[北京工业大学·2025]

【答案】√

【解析】一级相变要求相变前后有体积突变和相变潜热。

24. 固态相变容易产生亚稳相，主要因为亚稳相的形核位点更多。（　　）[清华大学·2025]

【答案】×

【解析】形成亚稳相所需的形核功小，亚稳相晶体结构和母体相似，更有利于形核。

二、填空题

1. _____是固态相变形核的主要方式。与固态相变相比，调幅分解生成的新相与母相的_____相同而_____不同。[天津理工大学·2019]

【答案】非均匀形核；结构；成分。

【解析】考查固态相变形核的主要方式。固态相变主要是通过非均匀形核来进行的。调幅分解是过饱和固溶体在一定温度下分解成结构相同、成分不同的两个相的过程。固态相变会发生晶体结构变化。

2.固态相变的驱动力是_____;阻力是_____和_____。[太原理工大学·2017]

【答案】体系内自由能的下降;界面能、弹性应变能。

【解析】考查固态相变的驱动力和阻力。

3.按热力学观点,一级相变在相变点自由能的一阶偏导数不为零,相变过程中热力学参数发生改变,相变有热效应;二级相变在相变点自由能的二阶偏导数不为零,相变过程中_____、_____和_____发生不连续变化。

【答案】热膨胀系数、压缩系数、恒压热容。

【解析】考查一级相变和二级相变的定义。

4.固态相变有_____和_____,前者如马氏体相变,后者如珠光体转变。固态相变可以分为形核和长大两个阶段,形成的新相与母相的相界面可以有三种不同类型,即_____、_____和_____。[华中科技大学·2007]

【答案】非扩散型相变、扩散型相变;共格相界面、半共格相界面、非共格相界面。

【解析】考查马氏体和珠光体的相变类型。马氏体相变属于非扩散型相变,珠光体转变属于扩散型相变。

新相与母相的相界面有共格相界面、半共格相界面和非共格相界面三种类型。

5.按热力学观点,相变可分为_____、_____等,前者如熔体结晶,后者如_____。[武汉理工大学·2009]

【答案】一级相变、二级相变;超导体转变。

【解析】考查固态相变的分类。

6.固态相变按照原子迁移情况,分为_____和_____。[天津理工大学·2019]

【答案】扩散型相变、非扩散型相变。

【解析】考查固态相变的分类。按原子迁移情况分为扩散型相变和非扩散型相变;按相变方式分为有核相变和无核相变。

7.固态相变时,若第二相析出物引起的应变能不大,且第二相与母相间有一定的取向关系,则第二相的形态通常是_____。[天津理工大学·2008]

【答案】圆盘状。

【解析】考查固态相变析出第二相与母相之间的位向关系。

金属固态相变时,新相与母相间往往存在一定的位向关系,而且新相往往在母相一定的晶面上开始形成。

若第二相析出物引起的应变能不大,且第二相与母相间有一定的取向关系时,则第二相的形态通常是圆盘状(见图)。

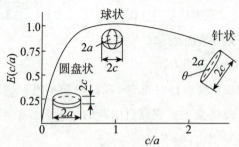

8. 再结晶和重结晶一样, 包括_____和_____两个过程, 但是再结晶没有_____。[天津理工大学·2020]

【答案】形核、长大; 晶体结构的改变。

【解析】考查再结晶与重结晶的区别。再结晶与重结晶都包括形核和长大的过程, 但再结晶不改变晶体结构, 而重结晶改变晶体结构, 所以再结晶没有相变。

9. 调幅分解是固溶体的一种特殊形式, 由一种固溶体分解为与母相_____相同, 而_____不同的两种固溶体。[天津理工大学·2014]

【答案】结构; 成分。

10. Al–Cu 合金过饱和固溶体的脱溶顺序:_____、_____、_____、_____。[西南交通大学·2006]

【答案】G. P. 区; θ''; θ'; θ。

11. 马氏体相变时, 新相往往在母相的一定晶面上开始形成, 这个晶面称为_____。[天津大学·2016]

【答案】惯习面。

【解析】奥氏体发生马氏体相变时, 新旧两相之间存在一定的惯习面。

12. 二级相变是指_____, 发生二级相变时, 体系的_____发生突变。[武汉理工大学·2008]

【答案】化学势及其一阶偏导数相等, 而二阶偏导数不相等的相变; 比热容、热膨胀系数、压缩系数。

【解析】考查二级相变的定义。二级相变为化学势的二阶偏导数发生突变的一类相变。相变时没有热效应和熵变, 但热膨胀系数、压缩系数、比热容这三个化学势的二阶偏导数发生突变。

13. 马氏体相变具有以下特征:_____、_____、_____和_____等。[南京工业大学·2009]

【答案】存在习性平面(惯习面)、无扩散性、速度快、无固定的温度。

【解析】考查马氏体相变的特征。

14. 固溶体过饱和分解的方式分为_____和_____。[武汉大学·2020]

【答案】调幅分解、形核长大。

三、选择题

1.下面列出的是铁碳合金在不同温度下可能出现的组织,其中(　　)是亚稳态组织。[东南大学·2019]

　　A.铁素体　　　　　　　B.铁素体加球墨铸铁　　C.贝氏体　　　　　　D.铁素体加奥氏体

【答案】C

【解析】考查亚稳态和贝氏体。贝氏体是铁素体及其间弥散分布的碳化物组成的亚稳态组织。

2.下面列出的是铁碳合金中可能出现的组织,其中(　　)不属于亚稳态。[东南大学·2005]

　　A.铁素体　　　　　　　B.马氏体　　　　　　　C.贝氏体　　　　　　D.索氏体

【答案】A

【解析】考查铁碳合金中的稳态组织与亚稳态组织。铁素体是稳定室温下的体心立方相。

3.下列固态相变中,不属于一级相变的是(　　)。[东南大学·2013]

　　A.金属凝固　　　　　　B.固溶体的脱溶　　　　C.磁性转变　　　　　D.马氏体相变

【答案】C

【解析】考查一级相变与二级相变的定义。马氏体相变为无扩散型相变;磁性转变属于二级相变,其转变临界点在相图上用点线表示。

4.按照热力学分类方法,固态相变可以分为一级相变、二级相变等,(　　)属于一级相变。[太原理工大学·2015]

　　A.磁性转变　　　　　　B.有序－无序转变　　　C.共析转变　　　　　D.超导转变

【答案】C

【解析】考查一级相变和二级相变的定义。绝大多数相变为一级相变,磁性转变、有序－无序转变和超导转变中的多数为二级相变。

5.一级相变时,体积V和熵S会发生(　　)变化。[云南大学·2007]

　　A.$\Delta V =0,\ \Delta S \neq 0$　　　　　　　　　　B.$\Delta V \neq 0,\ \Delta S \neq 0$

　　C.$\Delta V \neq 0,\ \Delta S =0$　　　　　　　　　　D.$\Delta V =0,\ \Delta S =0$

【答案】B

【解析】考查一级相变中体积和熵的变化。一级相变时,熵呈不连续变化,并伴随体积的突变。

6.固态相变中,属于非扩散型相变的是(　　)。[东南大学·2016]

　　A.脱溶转变　　　　　　B.共析转变　　　　　　C.马氏相变　　　　　D.调幅分解

【答案】C

7.准晶之所以被称为亚稳态,是因为(　　)。[东南大学·2007]

　　A.系统以准晶的形式存在时,自由焓处于最小值

B. 系统以准晶的形式存在时, 自由焓处于极小值

C. 系统以准晶的形式存在时, 其自由焓高于非晶态的自由焓

D. 系统以准晶的形式存在时, 其自由焓低于多晶态的自由焓

【答案】B

【解析】考查准晶的特点。

8.(多选)关于扩散型相变与非扩散型相变的特点, 下列说法错误的是(　　)。[哈尔滨工业大学·2022]

A. 非扩散型相变往往无外形变化

B. 扩散型相变的长大速度取决于原子的扩散速度

C. 非扩散型相变的新相与母相之间有一定的晶体学位向关系

D. 非扩散型相变的新相与母相成分相同, 原子没有发生相变

【答案】AD

【解析】考查扩散型相变和非扩散型相变的特点。非扩散型相变往往伴随表面浮凸, 有外形变化, 虽然新旧相成分相同, 但是原子发生切变, 体系发生相变。

9. 下列不需要形核的过程也可以完成的转变是(　　)。[东南大学·2014]

A. 沉淀相变　　　　B. 调幅分解　　　　C. 共析转变　　　　D. 马氏体转变

【答案】B

【解析】调幅分解是固体分解, 是由一种固溶体分解为成分不同而结构相同的两种固溶体, 无形核而直接长大的转变。

10. 在脱溶沉淀相变过程中, 形核功及临界半径与 ΔG_V(驱动力)、σ(界面能)及 ω(弹性应变能)有关, (　　)。[东南大学·2011]

A. ΔG_V(绝对值)越小, 则临界半径和形核功越小

B. σ 越小, 则临界半径和临界晶核的体积越大, 形核功也越大

C. ω 越小, 则临界半径和临界晶核的体积越大, 形核功也越大

D. 非均匀形核的形核功还取决于缺陷类型

【答案】D

【解析】位错和晶界处形核速率不同, 所以 D 正确。

11. 在脱溶相变过程中常形成亚稳相(过渡相)而不直接析出平衡相, 其原因是(　　)。[北京理工大学·2019]

A. 形成亚稳相所需克服的能量势垒低

B. 亚稳相与母相的成分相同

C.亚稳相与母相的结构相同

D.亚稳相与平衡相的结构相同, 便于平衡相形核

【答案】A

【解析】考查亚稳相形成的原因。亚稳态转变为稳态必须要克服能量势垒, 能量势垒是亚稳态能够比较稳定存在的原因。

12.(多选)调幅分解是固溶体分解的一种特殊形式, 其(　　)。[哈尔滨工业大学·2020]

    A.在形成初期组织分布均匀, 弥散度大　　　B.条件是合金中可以进行扩散

    C.无形核, 直接长大　　　D.属于固态相变

【答案】ABCD

【解析】考查调幅分解。调幅分解是一种特殊的形式, 在形成初期组织分布均匀、弥散度大。它是通过扩散方式无形核而直接长大的固态相变。

13.(多选)调幅分解可描述为(　　)。[哈尔滨工业大学·2014]

    A.一种无核转变

    B.按扩散 – 偏聚机制进行的一种固态相变

    C.新相与母相始终保持完全共格关系

    D.组织弥散度大, 具有定向排列的特征

【答案】ABCD

【解析】考查调幅分解。调幅分解是一种无核转变, 它是按照扩散 – 偏聚机制进行的, 新相与母相保持完全共格, 且组织弥散度大, 具有定向排列的特征。

14.(多选)下列说法正确的是(　　)。[东南大学·2012]

    A.脱溶过程中过饱和固溶体逐渐变为饱和固溶体

    B.通过加热后发生的时效称为人工时效

    C.Al–Cu合金脱溶析出的G.P.区与基体的界面为非共格界面

    D.调幅分解不存在形核阶段, 按扩散 – 偏聚机制发生上坡扩散

【答案】ABD

【解析】考查脱溶过程固溶体的变化及脱溶后新相与母相之间的关系、人工时效的过程和调幅分解的特点。G.P.区与母相保持共格关系。

15.关于脱溶沉淀中新相长大速度错误的是(　　)。[上海交通大学·2018]

    A.与界面附近母相中浓度梯度成正比　　　B.与两相在界面上的平衡浓度差成正比

    C.长大浓度随时间延长而减小　　　D.与扩散系数成正比

【答案】B

【解析】考查影响脱溶沉淀中新相长大速度的因素。其速度与两相在界面上的平衡浓度差成反比。

16.关于 SiO_2 晶体和非晶体的热膨胀系数比较，下列选项正确的是(   )。[中国科学技术大学·2022]

A.低温下 SiO_2 晶体大，高温下相反
B.低温下 SiO_2 非晶体大，高温下相反
C.低温下 SiO_2 晶体大，高温下近似相同
D.低温下 SiO_2 非晶体大，高温下近似相同

【答案】D

【解析】考查 SiO_2 晶体和非晶体的热膨胀系数对比。低温时，非晶体的热振动更无序，热膨胀系数大；高温时，晶体与非晶体的结构差异对热膨胀影响变小，热膨胀系数近似相同。

17.马氏体是一种非扩散型的固态相变，(   )不是马氏体转变的特点。[上海科技大学·2023]

A.新旧相化学成分发生变化
B.无扩散过程
C.原子协同小范围位移，以类似孪生的切变方式形成亚稳态马氏体新相
D.以上都不对

【答案】A

【解析】考查马氏体转变的特点。

18.下列发生了上坡扩散的转变过程是(   )。[东南大学·2012]

A.脱溶转变   B.有序化转变   C.块状转变   D.调幅分解

【答案】D

【解析】考查上坡扩散的定义。固态相变中调幅分解是上坡扩散。

19.(多选)关于贝氏体的说法，正确的是(   )。[哈尔滨工业大学·2023]

A.贝氏体是由含碳量过饱和的铁素体和碳化物/富碳奥氏体区组成的机械混合物
B.贝氏体转变过程中，铁原子发生切变而部分碳原子发生扩散
C.下贝氏体铁素体过饱和碳含量高于上贝氏体
D.高碳钢下贝氏体组织具有良好的强度和韧性，又有很好的耐磨性

【答案】ABCD

【解析】考查贝氏体的组织性能特点。

20.马氏体相变中，可能出现的是(   )。[东南大学·2022]

A.产生剩余奥氏体
B.由于没有扩散，反应后的晶体结构和反应前的相同
C.因为没有扩散，所以没有形核

D.发生扩散

【答案】A

【解析】考查马氏体相变的特点。马氏体相变中会有未转换完全的奥氏体。

21.下列选项中,(　　)属于上坡扩散。[东南大学·2022]

　　A.调幅分解　　　　　　B.马氏体相变　　　　　C.贝氏体相变　　　　　D.沉淀相变

【答案】A

【解析】考查上坡扩散。固态相变中调幅分解是上坡扩散。

22.不是固态相变形核阻力的是(　　)。[东南大学·2021]

　　A.晶界能　　　　　　　B.两相体积差　　　　　C.弹性应变能　　　　　D.塑性应变能

【答案】D

23.下列固态相变中,属于非扩散型相变的是(　　)。[东南大学·2016]

　　A.脱溶转变　　　　　　B.共析转变　　　　　　C.马氏体相变　　　　　D.调幅分解

【答案】C

【解析】考查马氏体相变的特点。马氏体相变为非扩散型相变。

24.关于马氏体相变,下列说法错误的是(　　)。[东南大学·2016]

　　A.马氏体相变是通过均匀切变进行的

　　B.马氏体相变属于扩散型相变

　　C.马氏体与母相是共格的,存在确定位向关系

　　D.马氏体相变具有可逆性

【答案】B

【解析】考查马氏体相变的特点。马氏体相变为非扩散型相变。

25.相变转变过程中,结构和成分都有变化的是(　　)。[上海理工大学·2022]

　　A.马氏体转变　　　　　　　　　　　　B.贝氏体转变

　　C.有序化转变　　　　　　　　　　　　D.调幅分解

【答案】B

【解析】考查马氏体转变、贝氏体转变、有序化转变和调幅分解的特点。马氏体转变为非扩散型相变。调幅分解没有晶体结构的变化,仅有化学成分的变化。马氏体转变、有序化转变没有化学成分的变化,仅有结构的变化。贝氏体转变前后结构与成分都发生了变化。

26.关于固态相变的两相界面的描述,错误的是(　　)。[上海交通大学·2022]

　　A.两相间无一定的晶体学位向关系,则其界面一定为非共格的

　　B.两相间存在晶体学位向关系,必然具有共格或半共格界面

C.非共格界面能最高

D.共格界面的弹性应变能最大

【答案】B

【解析】考查新相与母相之间存在的位向关系。

A项正确,固态相变中,新旧两相间无一定的位向关系,则其界面必定为非共格的。

B项错误,新相与母相间为共格或半共格界面时,两相间必然存在一定的晶体学位向关系;存在晶体学位向关系,未必具有共格或半共格界面,因为新相在长大过程中,其界面的共格性已被破坏。

C项、D项正确,相界能包括弹性应变能和化学交互作用,共格界面中应变能是主要的,非共格界面能以化学能为主,而且总的界面能较高。

27.(多选)关于马氏体转变,下列说法正确的是( )。[哈尔滨工业大学·2022]

A.马氏体转变为非扩散型相变

B.碳含量低时,易于形成片状马氏体

C.碳和合金元素含量影响马氏体的形成温度,进而决定马氏体形变

D.板条状马氏体亚结构为孪晶

【答案】AC

【解析】考查马氏体转变的特点、马氏体的基本形态及马氏体中亚结构类型。碳含量低时,容易形成板条状马氏体。板条状马氏体亚结构为高密度位错。

28.贝氏体转变属于( )。[西南交通大学·2014]

A.高温转变　　　B.中温转变　　　C.低温转变　　　D.非扩散型相变

【答案】B

【解析】考查贝氏体形成的温度范围。贝氏体是在中温(600 ℃~Ms)转变范围内形成的。

29.珠光体转变属于( )。[西南交通大学·2011]

A.高温转变　　　B.中温转变　　　C.低温转变　　　D.非扩散型相变

【答案】A

【解析】考查珠光体形成的温度范围。珠光体是在高温(Ac1~650 ℃)转变范围内形成的。

30.固态相变晶界形核中,优先形核的位置是( )。[太原理工大学·2022]

A.界面　　　　B.界棱　　　　C.界隅

【答案】C

【解析】考查固态相变的优先形核位置。从能量角度看,界隅处能量>界棱处能量>界面处能量。

31.(多选)钢中马氏体是在奥氏体惯习面形成的, 惯习面为(　　)。[天津大学·2021]

　　A.{111}　　　　　　B.{112}　　　　　　C.{225}　　　　　　D.{259}

【答案】ACD

【解析】考查马氏体与奥氏体之间的惯习面有哪些。马氏体形成的惯习面为 {111}、{225} 和 {259}。含碳量低于 0.4% 为 {111}, 含碳量在 0.5%～1.4% 之间为 {225}, 含碳量高于 1.4% 为 {259}。

32.下列可以说明扩散的驱动力并非浓度梯度的现象为(　　)。[上海交通大学·2022]

　　A.调幅分解　　　　　　　　　　　B.均匀化退火

　　C.马氏体相变　　　　　　　　　　D.粒子的溶解

【答案】A

【解析】考查浓度梯度不作为扩散驱动力的情况。从热力学分析可知, 扩散的驱动力是化学势梯度, 以此可以解释"上坡扩散"等反常扩散现象, 调幅分解正是其中一种。

33.固态相变中, 当过冷度较大, 新旧相能比容差很小时, 新相以非共格形式长大, 较易形成(　　)。[上海交通大学·2019]

　　A.球状　　　　　　B.圆盘状　　　　　　C.针状　　　　　　D.都有可能

【答案】A

【解析】考查比容差对新相形状的影响。当新旧两相比容差很小时, 意味着该相对母相体积造成的影响不大, 对母相界面造成的影响较大, 因此, 为了缓解对母相界面的影响, 新相倾向于形成球状。

34.固态相变中存在惯析面是为了降低(　　)。[上海交通大学·2019]

　　A.应变能　　　　　　　　　　　　B.界面能

　　C.残余应力　　　　　　　　　　　D.体积自由能

【答案】B

【解析】考查固态相变中惯析面的作用。惯析面是固态相变时, 新相在母相的特定晶面上析出的晶面, 以形成与母相共格的界面, 这样可以降低因晶格不同所导致的界面能的增加。

在固态相变过程中, 新相与母相之间往往存在一定的位向关系, 这种位向关系的存在有助于减少界面能。新相往往在母相的特定晶面上开始形成, 这个晶面被称为惯习面或惯析面, 通常以母相的晶面指数来表示。惯析面的存在意味着在该晶面上新相和母相的原子排列相近, 匹配较好, 这有助于减少界面能。

35.以下关于焊接产生的应力应变对过冷奥氏体转变的影响, 说法正确的是( )。[天津大学·2021]

A.拉伸降低过冷奥氏体的稳定性   B.应力应变利于扩散型相变

C.切应力阻碍马氏体相变   D.正应力阻碍马氏体相变

【答案】B

【解析】考查应变如何诱导相变。

应变会诱导奥氏体发生相变。

①切应力能够促进奥氏体向马氏体的转变, 通过提供必要的能量, 使得原子能够沿着特定的方向进行位移, 形成马氏体结构。

②正应力对马氏体相变有促进作用。

③应力应变加速扩散过程: 当应力应变增加时, 原子或分子的内能上升, 这有助于加速扩散过程, 从而有利于扩散型相变的进行。

④拉伸对过冷奥氏体的稳定性没有直接影响。过冷奥氏体是在临界转变温度以下存在且不稳定的、将要发生转变的奥氏体。它的稳定性受到多种因素的影响, 包括合金元素的种类和含量、奥氏体晶粒的大小等。拉伸或压缩的应力状态对材料的影响主要体现在其塑性和力学性能上, 而不是直接改变过冷奥氏体的稳定性。

36.(多选)下列属于马氏体相变特点的是( )。[天津大学·2020]

A.无扩散性   B.切变共格性

C.具有特定的惯习面和位向关系   D.在一定温度范围内进行

【答案】ABCD

【解析】考查马氏体相变的特点。

37.同素异晶转变和再结晶转变都是以形核长大方式进行的, 且( )。[中南大学·2018]

A.两者都是相变过程   B.两者都不是相变过程

C.仅同素异晶转变是相变过程   D.仅再结晶转变是相变过程

【答案】C

【解析】考查同素异晶转变和再结晶转变的异同点。同素异晶转变发生了晶体结构的变化, 再结晶没有晶体结构的变化。

38.( )过程不能体现扩散。[上海交通大学·2025]

A.脱溶   B.马氏体相变   C.再结晶形核   D.调幅分解

【答案】B

【解析】马氏体相变是非扩散型相变。

39.下列固态相变中,新相长大主要受界面处短程扩散控制的是( )。[上海交通大学·2024]

  A.马氏体转变   B.多晶型转变

  C.贝氏体转变   D.固溶体脱溶转变

【答案】C

【解析】马氏体转变是非扩散型相变;多晶型转变若为扩散型,则受原子长程扩散控制;贝氏体转变时,新相长大主要依靠界面处短程扩散;固溶体脱溶转变通常受长程扩散控制。

第十章　材料的功能特性

一、判断题

1. 常用霍尔效应测量来判定离子电导的存在。（　　　）

2. 无机材料主要靠电子导热。（　　　）

3. 自发极化是由外电场作用引起的。（　　　）

二、填空题

1. 随着温度上升, 黄铜的电导率_____, Si的电导率_____。[南方科技大学·2023]

2. 电导的实质是_____在电场作用下的定向迁移。[中国科学技术大学·2023]

3. 欧姆定律微分形式的表达式为_____。[中国科学技术大学·2022]

4. 电子电导具有_____效应, 离子电导具有_____效应。[中国科学技术大学·2022]

5. 金属导体的电导率随温度升高而_____; 半导体的电导率随温度升高而_____。[中国科学技术大学·2022]

6. _____是折射现象。[中国科学技术大学·2022]

7. 物体的磁性包括抗磁性、_____、_____、铁磁性、_____。[中国科学技术大学·2022]

8. 激光是一种_____光源。[中国科学技术大学·2022]

9. 硬磁材料又称_____材料。[中国科学技术大学·2022]

10. 金属中点缺陷的存在使其电阻率_____。[上海理工大学·2023]

11. 影响固体材料发生热膨胀的主要因素是_____。[上海理工大学·2021]

12. 长光学纵波频率_____长光学横波频率。[浙江大学·2015]

13. 声子是_____。[浙江大学·2015]

14. 高分子链能够改变其构象的性质称为_____。对高分子链刚柔性的影响起决定性作用的是_____。高分子链中重复结构单元的数目称为_____。[华中科技大学·2021]

三、选择题

1. 从技艺到科学的转变, 起作用的是(　　　)。[上海交通大学·2023]

　　A. 青铜器的制造　　　　　　　　　B. 19世纪钢铁的发现

　　C. 布拉格发现衍射公式和显微镜的使用　　D. 元素周期表的创建

2. 极化所引起的宏观场是个纵向场, 它趋于减小纵向位移, 增加纵向振动, 因此(　　　)。[浙江大学·2022]

A.长光学纵波的频率 ω_{LO} 恒大于长光学横波的频率 ω_{TO}

B.长光学横波的频率 ω_{TO} 恒大于长光学纵波的频率 ω_{LO}

C.长光学纵波声子是电磁声子，长光学横波声子是极化声子

3.钢的淬透性与(　　　)有关。[重庆大学·2020]

A.冷却条件　　　　　　B.外界条件　　　　　　C.合金元素　　　　　　D.工件形状

4.金属一般具有较高导热率的原因是(　　　)。

A.存在自由电子　　　　　　　　　　B.可以传递能量

C.存在晶格缺陷　　　　　　　　　　D.能够吸热

5.纳米材料的特征之一是(　　　)。[东南大学·2007]

A.具有与单晶体相近的性能特征　　　　B.具有超塑性

C.具有超高强度效应　　　　　　　　　D.具有表面效应

答案与解析

一、判断题

1. 常用霍尔效应测量来判定离子电导的存在。（　　）

【答案】×

【解析】考查不同导电类型。

导电类型	电子电导	离子电导
载流子	电子、空穴	正离子、负离子
检测	霍尔效应：取一金属导体，放在与它通过的电流方向相垂直的磁场内，则在横跨样品的两面产生一个与电流和磁场都垂直的电场	电解效应：离子的迁移伴随着一定的质量变化，离子在电极附近发生电子得失，产生新的物质

2. 无机材料主要靠电子导热。（　　）

【答案】×

【解析】考查无机材料的导电机制。

在固体中，组成晶体的质点牢固地处在一定的位置上，相互间有一恒定的距离，质点只能在平衡位置附近做微小的振动，不能像气体分子那样杂乱地自由运动，所以也不能像气体那样依靠质点间的直接碰撞来传递热能。固体导热主要是通过晶格振动的格波和自由电子的运动来实现的。①金属中有大量的自由电子，且电子的质量很小，能迅速实现热量的传递，因此金属一般都具有较大的热导率。晶格振动对金属热导率的贡献是次要的。②在非金属晶体（如一般的离子晶体）的晶格中，自由电子很少，因此晶格振动是它们的主要导热机制。

3. 自发极化是由外电场作用引起的。（　　）

【答案】×

【解析】考查产生自发极化现象的原因。自发极化并非由外电场作用引起的，而是由晶体的内部结构造成的。这类晶体的每个晶胞均具有固有电矩，被称为极性晶体。

二、填空题

1. 随着温度上升，黄铜的电导率_____，Si 的电导率_____。［南方科技大学·2023］

【答案】下降；升高。

【解析】考查温度与不同材料电导率的关系。

2. 电导的实质是_____在电场作用下的定向迁移。［中国科学技术大学·2023］

【答案】载流子。

【解析】考查电导的实质。

3.欧姆定律微分形式的表达式为_____。［中国科学技术大学·2022］

【答案】$J=\sigma E$。

4.电子电导具有_____效应,离子电导具有_____效应。［中国科学技术大学·2022］

【答案】霍尔;电解。

5.金属导体的电导率随温度升高而_____;半导体的电导率随温度升高而_____。［中国科学技术大学·2022］

【答案】降低;升高。

6._____是折射现象。［中国科学技术大学·2022］

【答案】光从一种透明介质斜射入另一种透明介质时,传播方向一般会发生变化的现象。

7.物体的磁性包括抗磁性、_____、_____、铁磁性、_____。［中国科学技术大学·2022］

【答案】反铁磁性、顺磁性、亚铁磁性。

8.激光是一种_____光源。［中国科学技术大学·2022］

【答案】相干。

9.硬磁材料又称_____材料。［中国科学技术大学·2022］

【答案】永磁。

10.金属中点缺陷的存在使其电阻率_____。［上海理工大学·2023］

【答案】增大。

【解析】点缺陷影响电阻率的原因:金属的电阻来源于离子对传导电子的散射。在完整晶体中,电子基本上是在均匀电场中运动的,而在有缺陷的晶体中,缺陷区点阵的周期性被破坏,电场急剧变化,对电子产生强烈散射,导致晶体的电阻率增大。

11.影响固体材料发生热膨胀的主要因素是_____。［上海理工大学·2021］

【答案】温度。

【解析】考查影响固体材料发生热膨胀的主要因素。

12.长光学纵波频率_____长光学横波频率。［浙江大学·2015］

【答案】大于。

13.声子是_____。［浙江大学·2015］

【答案】晶格振动中的间隙振子的能量量子。

14.高分子链能够改变其构象的性质称为_____。对高分子链刚柔性的影响起决定性作用的是_____。高分子链中重复结构单元的数目称为_____。［华中科技大学·2021］

【答案】柔性;主链结构;聚合度。

三、选择题

1. 从技艺到科学的转变, 起作用的是(　　)。[上海交通大学·2023]

   A. 青铜器的制造   B. 19 世纪钢铁的发现

   C. 布拉格发现衍射公式和显微镜的使用   D. 元素周期表的创建

   【答案】D

2. 极化所引起的宏观场是个纵向场, 它趋于减小纵向位移, 增加纵向振动, 因此(　　)。[浙江大学·2022]

   A. 长光学纵波的频率 ω_{LO} 恒大于长光学横波的频率 ω_{TO}

   B. 长光学横波的频率 ω_{TO} 恒大于长光学纵波的频率 ω_{LO}

   C. 长光学纵波声子是电磁声子, 长光学横波声子是极化声子

   【答案】A

   【解析】长光学波声子称为极化声子, 但只有长光学纵波伴随宏观的极化电场, 所以极化声子主要指光学纵波。长光学横波具有电磁性, 因此长光学横波声子是电磁声子。

3. 钢的淬透性与(　　)有关。[重庆大学·2020]

   A. 冷却条件   B. 外界条件   C. 合金元素   D. 工件形状

   【答案】C

   【解析】除了 Co、Al, 大多数合金元素都会使钢的 C 曲线向右移动, 增加过冷奥氏体的稳定性, 降低临界淬火速度, 使钢的淬透性提高, 所以钢的淬透性与合金元素有关。

4. 金属一般具有较高导热率的原因是(　　)。

   A. 存在自由电子   B. 可以传递能量

   C. 存在晶格缺陷   D. 能够吸热

   【答案】A

   【解析】金属中存在大量的自由电子, 当金属一端受热时, 自由电子的热运动加剧。这些自由电子在运动过程中会与原子实频繁碰撞, 通过碰撞将能量传递给原子实, 同时自由电子自身也会带着能量在金属中迁移。这种自由电子与原子实的碰撞以及自由电子的迁移使得金属能够快速传导热量, 所以金属具有较高的导热率。

5. 纳米材料的特征之一是(　　)。[东南大学·2007]

   A. 具有与单晶体相近的性能特征   B. 具有超塑性

   C. 具有超高强度效应   D. 具有表面效应

   【答案】D

   【解析】考查纳米材料的特征。

   纳米材料的特征:

(1) 表面与界面效应。主要原因在于直径减小,表面原子数量增多。

(2) 小尺寸效应。当纳米微粒尺寸与光波波长、传导电子的德布罗意波长、超导态的相干长度、透射深度等物理特征尺寸相当或更小时,它的周期性边界被破坏,从而使其声、光、电、磁、热力学等性能呈现出"新奇"的现象。

(3) 量子尺寸效应。当粒子的尺寸达到纳米量级时,费米能级附近的电子能级由连续态分裂成分立能级。当能级间距大于热能、磁能、静电能、静磁能、光子能或超导态的凝聚能时,会出现纳米材料的量子效应,从而使其磁、光、声、热、电、超导电性能发生变化。

(4) 宏观量子隧道效应。微观粒子具有贯穿势垒的能力,这种能力被称为隧道效应。纳米粒子的磁化强度等也有隧道效应,它们可以穿过宏观系统的势垒而产生变化。